浅川満彦
Mitsuhiko ASAKAWA

獣医さんがゆく

15歳からの獣医学

東京大学出版会

Guiding of the Veterinary Jobs for Senior High Schooler in Japan
Mitsuhiko ASAKAWA
University of Tokyo Press, 2025
ISBN978-4-13-063963-7

はじめに

〈犬猫病院は動物病院〉　この本を手に取ったあなたは、獣医さんについてほんの少しでも興味があるのでしょうか。では、獣医さんときいて、どのような印象をお持ちでしょう。きっと、

「イヌやネコの病気を治してくれる、動物病院で働いているセンセイでしょ」

とお答えになる方が多いと思います。おっと、その前に、

「そもそも動物病院という呼び名はどうも……。犬猫病院じゃダメなの？」

という方もいらっしゃるでしょう。でも、この本では〈動物病院〉とさせてください。それと、〈獣医さん〉ですが、正式には〈獣医師〉です。一部でよく使われる〈獣医〉というのは制度（法律）として不適切ですし、その語感から差別的表現と受け取る方もいます。しかし、この本では、親しんでいただくため、あえて〈さん〉付けにして用います。

〈動物名はカタカナなど〉　イヌ・ネコのように動物名もカタカナにさせてください。たとえば、駱駝・犀・海獺・膃肭臍は、それぞれラクダ・サイ・ラッコ・オットセイです。どちらが読みやすいか明白ですね。なにより困るのは僕ら人間の表現でした。〈日本人〉や〈人と動物の共通感染症〉などのような場合には漢字にしますが、基本的にヒトとしましょう。なお、この本の書き手は〈ぼく〉で漢字にしました。〈僕〉

から導かれる印象は未成年男子でしょうか。確かに男ですが、2024年4月現在、64歳と世間一般では中年〜老年のヒトです。しかし、年齢はただの数字という面もあり、僕の場合、精神的成長はかなり前に停止したので、現にこの本の書きぶりに未熟さが反映されました。

文字では〈まもる〉も苦労しました。〈守る〉はルールに従うとか主体的に外部からのモノゴトで害がおよばないよう未然に防ぐような意味です。これに似ているのが〈衛る〉で、より積極的に防ぐでしょうか。一方、〈護る〉は他者をかばうことのような意味です。たとえば、規則正しい生活を心がけ、健康を〈守る・衛る〉ですし、野生動物の保護管理・救護救命の〈護る〉です。でも、この本では明確に分けられないこともあり、〈まもる〉とします。

しかし、いくら健康や命をまもっても、死は避けられません。この本でも死（殺）に関する話題が出ます。ヒトが死ぬ表現では〈亡〉を使いますが、動物では〈死亡〉含め使わないのが普通です。また、動物は〈遺体・遺骸《いがい》〉ではなく〈死体〉です。ではありますが、動物病院の獣医さんも、お客さんである飼主さんにはご遺体といいます。また、飼育動物の位置付けが格段に高まっているので、死亡や遺体が動物にも使われつつあるような気がします。ですので、近い将来、〈動物の死亡〉も受け入れられるでしょう。ですが、この本では、〈死ぬ・死んだ・斃死《へいし》・死体〉とします。でも、無用な廃棄物をイメージする〈死骸《しがい》〉は使いません。動物の死体は、ある意味、人類にとっての宝物ですから。

〈獣医さんの半分はいろいろ〉でも、やはり、死ではなく生のほうが魅力的ですね。さて、獣医さんの話題に戻ります。この職につくには獣医師免許という国家資格が必要です。その免許を持つ方が、冒頭に述べた獣医師です。そのおよそ半分が、先に述べた動物病院でイヌ・ネコを診《み》る獣医さんで、その様子は第1章で話します。

残りのうち、その半分がウシやブタなどの病気を治し、あるいは家畜の疾病《しっぺい》予防をする獣医さんたちです。いずれも家畜を対象にしてはいますが、前者は牧場を舞台にした映画やテレビドラマで、ウシのお尻の穴（肛門）に腕を入れて、体内（子宮）などを触り、

「おっ、順調順調、これなら心配ない」

などと農家さんに話す場面でお馴染みです。後者は、県や市などの各地方自治体で働く獣医さんで、たとえば、鳥インフルエンザなどのニュースで白い防護服に身を包み、もくもくと作業を進める方々をご覧になったかと思います。あのなかで活躍しています。こういった獣医さんのことは第2章です。

ほかには競走馬専門の獣医さん、薬剤会社で実験動物を管理する獣医さん、動物園・水族館（以下、園館）専属の獣医さんなど……。昔自転車で放浪した際、高知県で土佐の尾長鶏《おながどり》を育てる施設に立ち寄りましたが、そちらにも獣医さんがいました。僕が獣医大生と知ったとたん、その一羽を僕の腕の上に載せて、その国の特別天然記念物の健康管理にまつわる苦労話をしてくださいました。

このように、イヌ・ネコ以外のさまざまな動物の健康をまもるのも獣医さんです。もうひとつ、獣医さんが健康維持に関わる大事な動物を忘れていませんか？　そう、僕たちヒトです。

〈ヒトの健康にも〉ご存じのように、お医者さん（医師）は僕ら一人一人と面と向かって、診察や治療をします。一方、人々の健康保持や豊かな生活維持には、獣医さんが欠かせません。たとえば、人々は安全な乳肉を食べて生活をしていますが、安全かどうかのチェックを獣医さんがするからです。獣医学課程（6年制）がある大学（獣医大）には、必ず、人々の健康をまもるための科目〈獣医公衆衛生学〉があり、さらに、この社会にはより広範な公衆衛生分野（行政）の獣医さんもたくさんいます。そして、そういった獣医さんたちが保健所などで働いています。

また、ほぼ3年ほど全世界の人々を苦しめた新型コロナウイルス感染症でしたが（以下、コロナ禍とします）、あのウイルスは、もともと野生動物体内でひっそり暮らしていたとされます。こういった野生動物にはごく普通に未知のウイルスがいて、国立感染症研究所や獣医大の獣医さんが調べています。こういった話題は第3章から第4章にかけて話しますが、じつはコロナ禍のウイルスはネコなどの飼育動物にもヒトから感染しました。そうなると、根本的な対策ではヒトと動物とが同じ目線に立ってみることです。それがワンヘルス（ひとつの健康）です。

どこかでおききになったことばでしょうが、その実践を獣医学だけがしていては、獣医さんのひとり相撲です。この本をお読みの方のなかには、医大生や医師もいらっしゃると思いますが、ワンヘルスを推進するうえで大切なのは、医学と獣医学の垣根を取り払うことです。偶然、本書を手に取ってしまった医師のみなさん、いい機会です。このままお読みくだされぱワンヘルスの考えが自然に身近になっていただけるでしょうし、獣医さんたちを感染症対策の同志としてもらえるとうれしいです。

〈やる気のない獣医大生?〉　僕も寄生虫病という感染症を研究しています。ときには、ヒトから出てきた寄生虫（以下、ムシとします）を調べることもありましたし、ご近所さんからムシの相談も受けます。ですが、職場は獣医大です。そういう意味でワンヘルスの一端を担っているつもりですが、本業は学生さんたちが獣医さんになってもらうための教育（授業）です。つまり、獣医さんのセンセイです。でも、えらくもなんともなく、誤りや失敗ばかりです。人間ですから仕方がないと思います。近ごろの失敗は、たとえば、

「やる気のない学生が多すぎる。そういった者はほかの学生に悪影響を与える。獣医大の入試には面接試験も必要！」

といいそうになったこと。この本をお読みのみなさんの多くは10代中心でしょうから、思い描くのはちょっと無理ですが、それより上の年齢でしたらわかるはず。大学入試時の〈思い〉をそのまま抱いて大人になったヒトは少ないと思います。一途なヒトたちと思われる獣医大生ですら、入ってからのあまりのギャップに悩む学生も少なくありません。

〈考えは変わります〉　でも、せっかく苦労して入学した獣医大ですから、すぐに退学せず、もんもんと過ごしてしまう。そうなると〈やる気なし〉に見えてしまうのでしょう。でも、あることを決めても、その判断に迷いが生まれるなんてザラです。いかんせん、人間だもの……。それを、入試のたった数分で見極めるのは不可能。いくら獣医さんのセンセイでも無理。少し考えればわかるのに。

ならば、どうしたらいいのか。小中高生の段階で、獣医さんのリアルを少しでも知れば、ギャップ入学をいくらかでも阻止できるのではないか。ときどき、

「獣医大とは若者がもっとも多くの夢を持って入学し、それ以上の夢を失わせて卒業するところ」

などといわれます。しかし、これ以上、このようなことをいわせないようにするのが僕の目標で、この本を書いた理由です。もちろん、僕が書かなくても、優れた先行書がたくさんあり、たとえば、この本の出版元に限っても良書があります（本書末尾〈参考文献〉）。ただ、獣医さんを扱ったドラマ・漫画・著作のなかには、彼らを取り巻く事情が伏せられていることが多いように感じます。作品のキャパや読者に夢をこわさせないという配慮ですが、かえってこれが獣医大在学時にギャップとして見え始め、先ほどの〈やる気のない獣医大生〉を生み出す原因になったと思います。ですので、この本では、そのような背景となる事情も隠さず踏み込みます。そして、獣医さんとて人間で思い悩む、そういった面も描き出したいと思います。

〈動物目線で獣医さんを見る〉　加えて、患畜《かんちく》（患者さんの動物版）の目線から獣医さんや人間社会などを眺める描写にも挑戦します。先ほど話したように、僕はムシを調べるのが専門で、とくに、野生動物にいるムシを研究していました。そのため、野生動物医学も教えるように命ぜられました。34歳のときです。みなさんの学校の、たとえば、数学（算数）の先生が、

「教えるヒトがいないから、明日から生物（理科）もヨロシク」

ってな感じです。生きるためのお金（サラリー、給料）をもらっていますから、素直に従いました。ただ、大学の授業ですから、教科書を丸読みのようなのはダメ。そういうセンセイは〈おしゃべり袋〉と軽蔑されます。ですから、さまざまな野生動物を集めて、自分で調べ研究しないとなりません。しだいに、僕のもとには、たくさんの死体がくるようになりました。だんだん、

「死体はあげるけど、死因を教えて」

という流れになり、気づいたら、腐った死体や動物の一部から、死にいたった状況を推理することをしていました。なにしろ必死で、これをサボると死体がもらえず、研究・教育できなかったからです。そのドタバタを『野生動物の法獣医学』という本に書きました（以下、『法獣医学』）。本書最後のページ（奥付といいます）の〈主著〉という欄に書籍情報がありますから、図書館で探してみてください。文字がダメなら、その話に着想を得た漫画『ラストカルテ』（浅山わかび［2022～2024年］小学館）はいかがでしょう。要するに、死に事件性があるなら、僕が調べたことはヒト（犯人など）がどのように関わったのかを取り調べる際の証拠とされます。が、それを表明した途端、ネットで、

「なぜ、動物自身の意志による死を無視するのか？」

という意見（苦言）をいただきました。これは動物の自殺（自死）を無視または否定したお叱りですが、今の段階で論議するのは気が早いでしょうし、さすがに僕も死因解析で自殺は結びつけません。しかし、これは、僕の心に影響を与えました。そこで、本書では試みに動物目線から会話する場面を創作してみました。僕は客観性を尊ぶ科学者の端くれですが、その部分のみ主観で描いてみました。わが家

にいたネコ（キジトラとクロのいずれもミックス［雑種］雌。いずれも病死）による会話はこのような感じです。

キジトラ

何日も車に乗せられて、日本中連れまわされ、だんだん増えてきたヒトの子を相手にして、たいへんだったわよ。

クロ

わたしのときにはもう一人加わって、もっとワヤ（北海道弁でたいへんな状態を表現）だったわ。でも、その子たちがだんだん出ていってさびしくってね。最後の子だけ、逝《い》く直前、遠くから帰ってきてくれたの。やっぱり、家族っていいわね。

ネコたちを思い出し鼻の奥がツーンとしました。自分で書きながら変ですね。なお、大事なことなので、再度強調します。『法獣医学』は、徹頭徹尾、科学であり、そこに主観や想像はありません。だからといって〈客観性の重要性〉などの直截的な表現はうんざりです。そのような〈ことわり〉をせずとも、しっかりしたデータさえ出せば客観性がどうだこうだをわざわざ使う必要はない。かえって、うさんくさくなりますね（個人的感想）。

ついでに、本書〈主著〉の欄には『野生動物医学への挑戦』という拙著もあり（以下、『挑戦』）、その分野の研究・職や海外での学びなどが扱われ、僕が2004〜2023年まで運営した〈野生動物医学センター〉という専用施設も紹介されました。ですので、本書第4章で当該施設でのエピソードは割愛しました。そして、他章とのバランスを考え、日本における現状にとどめました。期待していたとしたら、『ラストカルテ』（前述）をご覧ください。

〈多様な動物を扱う〉ところで、以上の二つの拙著では鳥の事例を多く示しましたが、これは、正直なところ僕自身にも意外でした。と申しますのは、専門のムシで鳥からのものは、ちょっとした報文はあっても深く追及するほどの興味がなかったからです。なお、この場合、鳥のことを宿主といい、〈しゅくしゅ〉、まれに〈やどぬし〉と読み、英語ではホストです。

宿主である鳥が、とくに好きであったわけでもありません。しかし、野生動物医学を教えることになったのをきっかけに、先ほどの拠点施設には負傷した（生きた）野鳥も運ばれるようになりました。野生含め〈動物〉といえば〈獣＝哺乳類〉とされてしまう風潮がありますが、そちらは鳥に比べれば、救命目的にくるものは、圧倒的に少なかったです。いや、これらに比べればもっと少ないのですが、両生類・爬虫類もきましたし、魚も運ばれたこともありました。そういえば、ムシがとりついた昆虫やクモ、甲殻類が送られたことも思い出しました。そもそもムシ自体も動物でしたね。なので、いっそのこと、この本で扱う〈動物〉とは脊椎動物・無脊椎動物を含めたすべてとしました。

このように〈動物〉の範囲を決めたものの彼らの興味深い画像はありません。いや、いっさいの図や写真などを使わないことに決めました。この本では、動物や獣医さんに関連し、人類社会や自然生態系全体にも深く〈メス〉を入れており、ひょっとしたらみなさんの予想を完全に裏切るような深刻で複雑な問題も扱っています。それを、あえて画像を使わずに表現するのですから、まず、書き手としての僕にとってはある種の挑戦でした。そのような個人的な挑戦につきあわせるのは、たいへん心苦しいのですが、みなさんの想像力とスマホによる検索力にゆだねます。

〈生態系もまもり真のサイエンスへ〉 1941年12月から1945年8月までの三年数か月間、日本はアメリカなどを相手に戦争をしました。歴史で学んだでしょうし、戦争ゲームで登場するゼロ戦・戦艦大和《やまと》がリアルな存在でした。ほぼ同期間、僕たちはコロナ禍に苦しめられ、あらゆるモノゴトに制限がかかった世界を共有しました。ですが、今後、コロナ禍のような感染症が次々に襲いかかってくるはずです。先ほどのワンヘルスのところで、ほんの少し触れましたが、たとえば、原因となったウイルスは、もともとはコウモリなどにいて、本来の生息環境が変化を受け、それがほかの動物とともにヒトの社会に広がったとされます。

感染症と自然生態系との危ういバランスは、野生動物の獣医さんたちがコロナ禍のかなり以前から指摘していました。そして、ヒトと動物の医学・医療のみならず、自然生態系の健康や社会・経済・政治などの仕組みをいっしょに見据え、その重要性を社会にうったえていたのです。彼らの主張をもっと真剣に受け止めていれば、コロナ禍のような後手後手にはならなかったと思います。このような多様な学びの初歩は、すべてみなさんの学校で教えてくれます。よって、この本の最終章（第5章）では、今のみなさんの学校での学びと獣医学の関連性について触れました。今の獣医学は生物科学としては発展途上の部分もありますので、真のサイエンスに近づける工夫の一環からです。そして、それを実現するのは、まさに、この本を手に取った未来の獣医さん、みなさんのことです。

なお、なにげなく〈彼ら〉としました。しかし、野生動物医学分野は、断然、女性のほうが多いので〈彼女ら〉が適切です。また、日本の獣医さんの数も、２０２４年４月現在、20代では女性が男性を上回りましたので、獣医さんを集合的に代名詞で示す場合、今後、〈彼女ら〉となるでしょう。

ばあちゃんネコ

餌係（飼主）から変な病気（新型コロナウイルス）をうつされ、咳と下痢でしんどかったわ。ほんと、もうこりごり。未来の獣医さんたち、よろしくね。

もくじ

イラスト／いずもり・よう

第1章

もはや家族の一員
——ペットを診る獣医さん

第1節　ご近所にある動物病院の一日

〈朝の動物病院〉この本を書くにあたり、ある動物病院に取材でおじゃましました。僕は、日ごろ、ペットに触れている臨床系（後述）教員ではありませんから、大昔ならいざ知らず、今の動物病院で働く獣医さんの現状を知る機会はまったくありません。ですので、無理をいって見学をお願いしました。

よく晴れた初夏某日の午前8時、すでに動物看護師さんたちが手際よく、入院室でイヌ・ネコの検温、投薬、給餌などをこなしていました。その作業を撮影しているうちに、開院15分前になり、院長はじめ獣医さんと看護師さんが足早にミーティングの会場へ向かっていきました。

そこはこういった会合の場を兼ねた休憩室です。その壁には薬品・機器の注文票や殴り書きの付箋が貼られたホワイトボード、やや旧式の血液検査用機器、そして専門誌用の書架などが配されていました。その棚には、事前にお送りした書籍（前述）も、よくめだつ位置に立てかけてあり、院長さんにとても気を使わせてしまったようです。

〈マイペースなアイドル犬と朝のひとこと〉そういった人間の心理的交錯など、まったく意に介さずその休憩室の床にゴールデンレトリバーが長々と寝そべっていました。この犬種はカモ猟で撃ち落とした獲物回収のために改良されましたが、この子はそういったことは一度も経験せず、優れた盲導犬として活躍していたとのこと。その役割を終え、今はこの病院スタッフを癒すアイドル犬の役目を穏やかに果たしています。

当番の獣医さんが考え抜いた（しかし、そのわりに反応が薄い）〈気の利いた〉ひとことが披露されて、ミーティングが開始されました。その日のスケジュールと引き継ぎなどの業務連絡が、各担当者から次々と告げられていきます。獣医さんのなかには、僕が勤務する獣医大卒業生もいて、〈なんでいる？〉的雰囲気を察した院長が僕の来意について触れ、この朝礼のような会は終わりました。

ゴールデン

（僕に向かって）**おいおい、ただでさえ、忙しいんだから、じゃまだけはしないでやってくれよ。**

〈待合室では〉一方、待合室は９時の開院前から、すでに飼主と動物で満員状態です。おっと、いけない。飼主は顧客、つまりお客様ですから、聞こえるところでは、ぜったい飼主様一択です。また、飼主様に寄り添う動物は、獣医さん的には患畜ですが、飼主様の前では〇〇ちゃんと優しく呼びます。さらに、待合室は受付を兼ねていますから、そこに詰める事務の方々は鳴りやまぬ電話に、とてもていねいかつテキパキと対応されていました。このように動物病院とは接客をともなうサービス業です。ですから、獣医大推薦入学の面接試験の際、獣医さんを目指す理由をきかれ、〈人付き合いが苦手なので〉は絶対に避けたほうが無難です。

それにしても、お客様が多いです。ちょっといやらしいいい方ですが、とても繁盛しているようです。ここは札幌の繁華街から離れ、ときおりサケがのぼって産卵する豊平川の岸にあり、周辺は大規模住宅地が広がります。その住民にとっては、あたかも、身近なかかりつけ医のような動物病院なのでしょう。そこで行われる通常の獣医療を一次診療といいます。また、この動物病院には専門医資格（第5章）を有した獣医さんも多くいらっしゃるので、ほかの動物病院で対応ができなかった症例にも対応していますが、このようなより専門的な獣医療を二次診療と称します。そのためには、近隣獣医大との連携が不可欠だと思います。じつは、僕がこの動物病院を取材するきっかけになったのも、ほかの動物病院から紹介された〈謎の症例〉をお手伝いしたのがきっかけでした（くわしくは後で話します）。

なかには、札幌圏外から来院された方も多数いました。この本をお読みの方には道民が内地《ないち》と呼ぶ本州・四国・九州などに住む方も多いでしょう。ですので、ちょっと想像がつかないと思いますが、面積がとても広い北海道ですから、道内移動だけでも都府県内のそれとはわけが違います。しかし、大切なペットのためには労は惜しみません。自動車で数時間かけてやってきます。積雪期はまさに命がけです。でも、この動物病院はそれだけ信頼されているのでしょう。今はネットで動物病院の格付けも行われますので、信頼のおける評価があれば千客万来となります。たった十数分の取材でしたが、得難い情報を得ました。その後は休憩室の椅子に座りながら、アイドルのゴールデンを撫でつつ、外来診療の開始時刻を待っていましたが……。

ゴールデン
なんだか、外（待合室）が騒がしいぞ。いやな予感しかしないんだけど……。

〈外来診察室で戦闘開始！〉その病院には国家試験に合格したばかりの新人から某獣医大を定年退職した熟達者まで、数名の獣医さんが勤務していました。基本的に外来診療は新人と先輩がコンビとなり、先輩が新人教育する体育会系のような形態でした。多くの獣医さんはこのような形で現場に則した臨床技術を身につけ、一人前の獣医さんになります。あたかも武術の一子相伝《いっしそうでん》的なスタイルであり、修行時代のような感じです。

また、獣医さんだけで今の獣医療を維持するのはむずかしく、徐々に愛玩動物看護師のサポートが不可欠になっています。これをヒトのチーム医療にならいチーム獣医療と呼んでいます。こちらの動物病院では獣医さんの１・５倍くらいの数の看護師さんが勤務されていました。それぞれがチームを組んで、各々の外来診察室へ、待合室で待ちくたびれた飼主と動物を迎え入れます。

入った途端、パニックになる動物がいて（多くがワンちゃん）、熟練した看護師さんが手際よく保定《ほてい》します。完全な保定がなければ、獣医さんはしっかりした診療ができません。この子のように……。

パニック犬

この前、ここで（採血のため）**腕**（前脚）**に針を刺されたので、少しあわてたけど、今日はだいじょうぶそう。なら、そろそろおとなしくしようかな……。**

ゴールデン

こいつか、いやな予感の原因は……。まったくいい歳（8歳、ヒトで50歳くらい）**して……。なんだか、オレのほうがはずかしいよ**（ちなみに、このゴールデンは11歳、ヒトでは還暦超えなので僕とほぼ同い年）。

〈問診・触診・聴診〉 ひとまず、ワンちゃんが落ち着いたら、飼主に問診を行います。その症状はいつごろから始まったのか、思いあたるきっかけはなんだったか、重大な既往症《きおうしょう》（持病や以前かかった病気のことです）はなにかなどの質問を体系的に行うことです。それに対する回答をカルテの〈稟告《りんこく》〉という欄に記入していきます。こちらの病院では紙でしたが、PCなどの電子カルテにその場で打ち込むこともあります。患畜が自身の症状をうったえることはできませんから、飼主の情報が唯一無二で、ひとことも聞き逃してはなりません。

もちろん、飼主の言も完全ではないし、思い違いをすることだってあるでしょう。なかには、意図的にうそをいう場合もあるかもしれません。なんだか犯罪のにおいがしてきませんか。でも、実際にあります。多くは動物虐待に関わり、法獣医学領域です（くわしくは『法獣医学』でも扱っています）。ですから、獣医さんはひとことも聞きもらさないようにします。その並々ならぬ緊張感は、こちらにもひしひしと伝わってきました。

問診のほか、獣医さんによる触診や聴診なども大切です。哺乳類の体の左右には、感染症などで膨れる体表リンパ節があり、まず、それを両手で触り、比較しつつ異常を察知します。なお、鳥類を含むほかの脊椎動物にはリンパ節がないので困りものです。

〈いきなり聴診器をあてたらダメ！〉　また、聴診器で心臓や肺の音を聴き、血流の状態や呼吸音などの異常を察知するのが聴診ですが、同時に、1分間あたりの脈拍数（鼓動数）や呼吸数の記録もします。小さい子ども以外のヒトでは1分間じっとしていますが、動物では無理なので実際に聴くのは30秒間とし、その数を2倍して1分間あたりの数とします。このあたりまでは、みなさんが受けた身体検査（学校健診）と同じですね。でも、体温検査は脇の下では行いません。肛門に体温計を挿入して測定しますが、いきなり差し込んではいけません。患畜名を〈ちゃん〉付けし、優しく声をかけつつ差します。これは冗談ではありません。僕ら教員は、厳しく、そのように指導するのです。

生きた動物を用いた実習を獣医大5年と6年に行いますが（クリニカル・ローテーション）、そのために学生でも獣医さんの仮免許が必要です。そして、その仮免試験で無言ズブリをしたらアウトです。ですので、僕のような臨床系ではない教員まで駆り出され、その予行演習を念入りに行います。

ちなみに、多くの哺乳類の正常体温（平熱のこと）はヒトのそれに比べ、やや高いもののほぼ同じです。しかし、ナマケモノ・アリクイのように10度近く低かったり、ラクダのように日内変動があるなど園館やエキゾチックペット（長いのでエキゾにします）の診療では要注意です。また、イルカ・クジラでは海水に体熱が逃げていく前提で産熱し、水中で摂氏36度を保っています。ですから、陸上に打ち上げられた（座礁した）場合、もっとも注意しなければならないのは、逃げ場を失った体熱による高体温症です。噴気孔（鼻孔、すなわち潮を吹く穴）に入らないように海水をかけ続ける必要があります。

外来のネコ

いつも思うけど、猫なで声の〈お熱計りますよー〉はうそくさいのよね。それに、バカにされているみたいでいやっ！　それと、〈ごはん、ちゃんと食べていますか〉って餌係（飼主）にきくのもどうなの。ごはんって、餌係がいつも食べている熱そうなあの白い粒々でしょ。あんなもん、とんでももない！

〈基本のキＴＰＲ〉大事なので体温・脈拍数・呼吸数の話題に戻りますが、それぞれの英単語の頭文字をつなげティー・ピー・アールと略されます（単語は自分で調べてください）。これに血圧が加わると、医療ドラマでよくきくバイタルサインです。これらは獣医さんや動物看護師さんの会話にもたびたび出てくるので、聞き耳を立てましょう。ヒトの手術室ではこれらに脳波もモニタリングされ、麻酔のかかり具合（麻酔深度）を把握します。麻酔装置の脇にある電子音とともに折線グラフが示されるモニターは医療ドラマの定番ですが、獣医さんも使います。

また、野生動物の生け捕り調査で不動化している時間（第4章）、これらモニタリングはマストです。標識装着あるいは採血している最中に、ヒグマやエゾシカなどが目覚めたら、大事故となりますからね。

〈実物の力〉このように文字にすると、とても長時間のように錯覚するでしょう。でも、実際の外来診察室での対応は数分程度です。患畜はたくさんきていますので、テキパキとこなさないとダメです。それで問診や基本検診が済みましたら個別症状に特化した検査に移ります。この子は右耳をさかんにひっかくネコです。痒がる状態を掻痒《そうよう》症状といい、これからピンときた担当の獣医さんは、その耳のなか（外耳道）から耳垢（〈みみあか〉ですが、音読みして〈じこう〉がより専門的）を綿棒で採集して、スライドグラスの上で生理食塩水で溶かし始めました。それをモニター画面がついた顕微鏡で観察し、瞬時に症状の原因となったダニ（ミミヒゼンダニ）を発見しました。

「ご覧になってください」

と、顕微鏡モニターの前まで飼主を誘導、奇妙な形で、胴体に比して細い肢を緩慢に動かす生きものに、飼主さんは目を見開き驚愕していました。当然です。1ミリにも満たない生きものが、多数、家族である大事な子に巣くっていたのですから。この獣医さんは、僕の勤務先を卒業したばかりの新人でしたから（ちなみに女性）、

「運がよかったです。ここにムシの専門家がたまたまいらしているので説明してもらいましょう」

といきなり振ってきたのにはとてもあわてましたが、

「なるほど、こうやって、大学教員に仕返しするんだな」

と納得しつつ、へたなお話をしました。が、その飼主（50代後半男性か）が敬意を払ったのは、もちろん、僕ではなくその獣医さんに対してでした。なんのことはありません。僕は彼女の引き立て役だったにすぎません。彼は自分の子どもと同い年くらいの獣医さんが話す治療・予防方針に真剣に聞き入り、愛猫とともに診察室を後にされました。

ネコ
（耳疥癬《かいせん》の診断をされて）この娘、案外やるわね。餌係があんなに感心した様子、はじめて見たわ。おかげで、夕食は期待できそうね。それに、痒かった耳もなんとかなりそうだし……。

〈獣医さんは年の功より……〉繰り返しますが、愛玩動物の獣医療とはサービス業です。そして、獣医

さんは飼主＝治療費を支払うヒトに信頼してもらわないと生業《なりわい》が成立しません。そうなると、第一印象で経験豊かそうに見える老齢獣医さんのほうが信頼できるとするバイアス（偏見）は避けようがありません。しかし、先ほど見たように年齢・性別は無関係です。飼主を理解、納得させる力が備わっていれば差はありません。僕も頭では理解していましたが、今回、まざまざと見せつけられ、そのようなバイアスから解放されました。

別の診察室では、打って変わってシニア世代の獣医さんが、跛行《はこう》（つまり、俗にいう〈びっこ〉）を示すイヌを飼主の前で歩かせていました。歩容《ほよう》異常の特徴から股関節脱臼《だっきゅう》の可能性があると見抜き、それが正しいのかどうかを試すため、その場で診断的治療（整復）をしました。そして、あっという間に跛行が消えました。その瞬間、僕は、心のなかで喝采してしまいました。卓越した臨床獣医さんの技量をまざまざと見せつけられ、

「やはり年齢を重ねないとダメなのかな……」

と変節しかけ、

「しかし、診断に関してはヒトの医療で普通に使用される最先端の診断用機器が、動物病院でも標準装備になりつつある今日、そのような神業も不要になるのかな……？」

といったグラグラした思いを僕に与えつつ、午前の外来診療の時間がほぼ終わろうとしていました。

イヌ

（股関節脱臼が完治して）すっげー、股の痛みが一瞬で消えたよ！

〈ランチタイムでの攻防戦〉しかし、午前の業務は、いっせいに終えるわけではないので、昼食は時間差で摂ります。若い獣医さんたちはコンビニ弁当で済ませますが、もう少し年上や事務の方々は手づくりの栄養バランスに配慮された弁当でした。僕も持参した弁当を広げ、ごいっしょしました。おしゃべりの話題は参加した学会の内容やお子さんのこと、そして、週末に病院屋上で行う焼肉パーティーのメニューで盛り上がっていました。このような形の親睦は、コロナ禍が終わっても健在でホッとしました。

一方、僕はゴールデンとの戦いで落ち着きませんでした。右ひざの上に顎を載せながら、弁当のおかずを頂戴と上目使いで、ずっとうったえています。この子は賢いのでスタッフにはこのような攻撃をせず、僕のようなよそ者を狙い撃ちするのでしょう。

ゴールデン

チッ、これだけかわいい攻撃をしているのに、無視かよ！

〈午後は手術、深夜は……？〉ランチタイム後は避妊・去勢や歯牙疾患などの手術に充てられます。しかし、典型的なブラックであったかつての動物医療業界も、〈働き方改革〉が波及し、午後5時の終業時刻をまもることが普通になり、長時間勤務にはなりません。もっとも、動物も病気も、9時5時のオフィスアワーなんて知ったこっちゃありません。ですから、真の終業は不定になることもあります。これは深夜対応についても同様なのですが、最近、札幌市内には夜間専門の動物病院が複数できつつありますから、こちらの病院での受け入れはしないようです。

ですので、当直はありません。ですが、この業界もシビアな過当競争に突入すれば、無理をして深夜受け入れ業態に戻るかもしれません。これは獣医さんの健康に悪影響を与えますが、夜行性動物の診療ではこのような夜間診療のほうがむしろ適している場合があります。通常診療時間に連れてこられ、薬剤を与えられたとします。肝・腎臓などは寝ているので、薬物代謝能が低下しており、体内に蓄積され、オーバードーズ（急性の薬物中毒）の危険性があります。とくに、麻酔薬では麻酔死につながりかねません。コウモリなどをお飼いになる方はご注意ください。

第2節　イヌとネコを苦しめた謎の〈風邪〉

〈獣医さんはなにをしている？〉個人から企業まで経営母体により大小はあるものの、みなさんが普通見かける大きめの動物病院のリアルな一日は前節で示したとおりです。こういった動物病院は日本に１２０００ほどあります。このような統計資料は農林水産省公式ウェブにあり、〈飼育動物診療施設、小動物〉といったワードでヒットします。それはそうとして、なんで農林水産省でしょう。

答えは獣医療が家畜の健康をまもり、よりよき畜産物を得るために発達したからです。まちがえないでください。けっして、〈イヌ・ネコの健康〉のためではありません。ですので、獣医師国家試験は農林水産省が実施し、その免許も農林水産大臣名で交付されます。さらに、国家試験の獣医大別合格率も同省ウェブにありますので、獣医大の進学先を決める場合の参考にしてはいかがでしょう。そのようにして得た免許を持つ獣医さんは日本に約4万人おり、この数はほかの国家資格である弁護士と同程度、医師の10分の1程度です。加えて、農林水産省公式ウェブには獣医さんがどのような職についているのかの統計もあります。

これは2年に一度、同省が調べています。獣医師法上、〈きちんと報告をしないと免許を召し上げるぞ！〉とされていますので、回収率約１００％、日本でもっとも信頼ある統計資料のひとつだと思います。ごく簡単に紹介すると、免許を生かして仕事をする〈獣医事に従事するもの〉約9割、うち半分弱がイヌ・ネコなどの診療、残り半分の半分強が公務員（国家／地方あわせ）、残りが競走馬含む家畜診療や薬剤・飼料開発など（民間会社／団体・法人）です。このなかには僕のような大学教員が入ります。大学とは獣医大が多いですが、基礎や感染などの分野では医大の教員として働く方も多いです。また、非獣医系の研究者もいて、なかには非常に高名な進化学者もいて、僕の憧れです。

ちょっと困るのが園館で、地方公務員と民間があり、その獣医さんは地方公務員と民間のカテゴリーに分かれ、カウントがむずかしいですが、園館獣医さんだけの研究会の調べでは合計400人程度としています。そうなると全獣医さんの1％程度。これより多いのが〈獣医事に従事しないもの〉の約4000人で、たとえば、元Jリーガー、国会／地方議員、ミュージシャン、落語家などのほか、卒業後、医師やヒトの看護師などになった方もいます。たとえば、脳神経外科医を本業にしながら、イヌ・ネコの神経症で獣医さんの指導をしている方は、学生時代から僕の勤務先の獣医大教育に対しきわめて批判的でした。ある意味、人生をかけて改革されているのでしょう。頭が下がりますし、医学・獣医学の垣根を取り払ったワンヘルスを目指す意味でも重要な人材です。

このように、獣医師国家試験に合格してしまえばみな同じ獣医さんです。そこが、不本意入学した獣医大であっても、獣医さんになってしまえば、その後は自身の技量で勝負するだけです。その分、自己研鑽が求め続けられ、とてもシビアな世界ではありますが……。

外来のイヌ

はあ、どこの獣医大だって？　そんなの関係ないね。しっかり治してくれれば、それで十分。

〈社会の要請で獣医大はできる〉　ところで数年前、新しくできる獣医大のことが話題になりました。もし、今後、獣医大が必要になるとしたらどのような理由でしょう。勤務先を例にしますと、１９６０年代になり日本人の食の変化が背景となって、乳牛の飼育数が急増しました。一方でその健康管理に携わる獣医さんの数がとても不足しました。勤務先はもともと酪農業振興のために誕生した大学でしたので、これを捨て置けず、自校で養成となりました。つまり社会的な要請からでした。当初、獣医師乱造になるとされ、獣医師会は猛反対しましたが、結局、乳牛の獣医さんが増えて社会貢献するにつれ、そういった声はいっさい消えました。10年以上かかったと思います。

その話題となった新設獣医大の目的は獣医教育・獣医療の国際化を目指すことに加え、慢性的な不足状態にある家畜／公衆衛生分野への人材供給です。家畜／公衆衛生分野については第2章および第3章でくわしく話すように、日本人の健康維持にとって大切です。ですから、これを新設目的に掲げることは疑問の余地なく、正義です。期待をしましょう！

乳牛

（搾乳《さくにゅう》実習のために近寄ってきた新入生にひとこと）おやまあ、おびえているじゃあないか。わたしらは、まわし蹴りするから気をつけろとでもいわれたのかね。でも、ウマに比べたら、大したことはないよ。あっちはへたすりゃ死ぬからね。

〈獣医さんの限界〉ところで、このような要請が生まれるということは、家畜／公衆衛生の獣医さんが足りていないからです。でも、獣医大の、とくに私立の場合、高額な授業料は個人負担ですし、国立・公立も私大ほどではないにせよすっかり高くなりました。卒業しても奨学金の返済がたいへん。このような現状でペットの獣医さんという夢を捨てさせるのはむずかしいです。そもそも獣医さんであっても、職業選択の自由という基本的な人権は保障されています。授業料がなく、手当が支給される防衛大や警察・消防学校などとは違うのです。ひょっとして、為政者は獣医さんを目指すのだから獣医大の学生は公共心に富むとお考えなのでしょうか。それとも、公務員は基本的に安定しているのでいつかなんとかなるとでも。

また、せっかく獣医大がつくられても、今日の輸入飼料・肥料の減少と価格高騰、後継者不足、過疎化、環境問題などが複合して、畜産含む農業は深刻な状態に追い込まれています。こういった大きな社会問題に対し、末端の獣医さんなんて無力です。たとえ、食の自給、そのための第一次産業への貢献と

いう崇高な使命感を持ちながらであってもです。ですから、

「根本的問題を解決するには議員になれ。そうでないなら選挙には行け！」

と、授業などで鼓舞しています。

〈動物看護師免許は農水・環境の両大臣連名で〉最多の獣医さんが働く動物病院ですが、その数だけを示されてもイメージが湧かないでしょう。たとえば、コンビニ店舗数と比較します。牛乳缶をロゴに使っているコンビニをご存じありませんか。その数が約13000（2024年4月）で動物病院数よりほんの少し上回ります。つい牛乳缶といいましたが、現在ではめったに使いません。せいぜい、僕の大学では寮生が搾りたての牛乳をこの缶に入れ、寮に運んでいるのを見かける程度です。

その動物病院で欠かせない存在が動物看護師です。2023年から国家資格として愛玩動物看護師が誕生しており、現在、約21000名が登録されています（2024年4月現在）。獣医さんとの関係が強いので、その職務を規定する愛玩動物看護師法も農林水産省が管理します（第5章）。また、動物の愛護及び管理に関する法律（動愛法）にも強く関わるので、そこに環境省も加わります。つまり、動物看護師さんの資格は農林水産と環境の両大臣ダブルで認証されるめずらしいシステムなのです。愛玩動物看護師の国家試験受験資格は当該学科のある4年制大学あるいは3年制指定養成所（専修／専門学校／専門職大学）を卒業して得られます。学ぶ科目は獣医大とおおむね重なりますが、修業年限に応じ学ぶ量は半分程度となります。

ですが、獣医大生が学ぶ以上の内容を含む項目もあります。基本的にイヌ・ネコが中心ですが、一部科目では獣医学ではほぼ扱われない爬虫類や鳥類が含まれます。また、野生動物学では、獣医学が保護管理や希少種保全などの理論に軸足を置く一方、動物看護学では日本産種の識別や救護など身近で実践的内容が充実しています（くわしくは第4章で）。

医師法（厚生労働省）では診療行為と非診療行為とが規定され、後者が看護師の職務内容です。獣医療に関しては2019年に日本獣医師会が示した〈診療行為に該当しない行為〉の内容が動物看護師の職務に相当します。列挙すると①動物の保定、②健康相談・保健指導、③体温・脈拍数・呼吸数・血圧測定、④血液や尿などの検体検査とその判定、⑤爪切り・耳そうじ・毛刈り（トリミング）、⑥体毛・羽毛の洗浄（シャンプー）、⑦肛門しぼり（イヌのおしりにある袋＝肛門腺の中身を出すこと）・アロマセラピー・歯磨きなどで、いずれも、ペット動物の健康維持のために大切です。

とりわけ、②の健康相談には飼主との直接対応という点でヒトとのつながりも期待されています。どうしても病気の治療行為に専念してしまう獣医さんは、飼主とのコミュニケーションが不足気味となりますので、その仲立ちが切実に求められているのです。また、ヒトとの関係性といえば、最近注目される動物介在療法というヒトを癒す医療でも、動物看護師の参画が望まれています。さらに、同じく②の保健指導には、最近注目される被災地の避難所（シェルター）におけるペットを対象にした対応も想定されるでしょう（第3章で述べます）。

このように動物看護師は獣医さんとは異なった独自の使命を担っており、けっして、獣医さんの小間使いではありませんし、それをさせてはいけません。制度は始まったばかりですので、試行錯誤する場面も多いでしょうが、本書をお読みの若いみなさんの活躍に期待します。

ハシブトガラス

（電線の上から寮生により牛乳缶が運ばれるそりを見ながら）**アイツを急襲すれば、牛乳がこぼれてシャーベットになるはず。除雪車にかき取られないなら、3日間は楽しめそう。**

〈動物の健康をまもる4つの獣医学分野〉　獣医大（6年制）の教育内容は第5章でくわしくお話ししますので、ここでは枠組みだけを示します。まず、日本には17校の獣医大があり、教育内容はどこもほぼ同じですし、同じでないとダメですよね。国内の獣医さんの質を保つため標準化は当然です。教育の標準化は医師や歯科医師、それに薬剤師などヒトの健康に直接関わる大学教育も同じです。さて、獣医学という科学ですが、日本獣医学会という研究者の集まりが決めたカテゴリー（専門部会）に従うと以下の①〜④となります。

①基礎獣医学　動物の正常な形や働きを学ぶ解剖学、生理学、生化学、薬理学など
②病態獣医学　動物の異常（病気）や病原体を学ぶウイルス学、細菌学、寄生虫学、病理学など
③臨床獣医学　病気を治す内科学、外科学、麻酔学、眼科学、生殖学など

④予防獣医学　病気を予防する公衆衛生学と動物衛生学

各カテゴリーに連なる〈○○学〉は、獣医大によってちょっと異なり、たとえば、②の寄生虫学ですが、医動物学という場合もあり、僕の研究室もこちらを使っています。また、③の生殖学は、ときに、繁殖学とされます。ちなみに、獣医師国家試験もこの流れで出題されます。その出題傾向としては、断然、②からが多いです。毎年秋、民間会社による国試対策講座の宣伝が出まわりますが、そこでも「まず、ウイルス・細菌・寄生虫から着手。問題の約4割はこれらから出題！」がうたい文句です。こういった病原体は③や④でも登場するので、あながち外れてはいないと思います。なお、厚生労働省が実施する医師国家試験では公衆衛生学がダントツのようですよ。

〈これら分野が総合され診断・治療〉　獣医学教育と獣医療の関係性を理解するため、先ほどの動物病院で見たモノゴトを①〜④にあてはめてみましょう。たとえば、耳を痒がったネコの原因はダニの寄生が原因でした。そして、その原因を明らかにすることを診断といいますが、それは②の分野が、直接、関わっていました。ダニも生きものですから、退治するにはその生きざま（生態）と弱点を知らないと耳疥癬（病気）が治らないからです。

しかし、獣医大新入生がいきなり病名を決めること（診断）はできません。正常な状態がわからないと異常の状態（病気）がわからないからです。ですので、診断する獣医さんの頭のなかには①で培った物差しがあり、そこからのズレが病気としてはじめて知覚されます。たとえば、跛行していたイヌは股関節に収まる大腿骨末端が、関節の窪みから外れた脱臼でした。これを診断できたのは、その末端が窪みに収まった正常な歩容を知っていたからです。つまり、①がベースになり、②を駆使して仮の診断をし、長年の経験で培った技術を用い、その場で正常な関節の状態に整復しました。

「ああ、やはり、股関節脱臼だったね」

と後で確定的な診断がつくのです（診断的治療、または治療的診断とも）。

スナネズミ

（生理学の実習で使われる予定であったが中止となり、そのまま実験室片隅でペットのような生活をしながらひとこと）**このごろ、すっかり、生きた動物を見かけなくなったわね。その分、変な顔をした縫いぐるみが増えたような……。やっぱり、あの〈3Rの原則〉のせいね。**（〈3Rの原則〉とは苦痛・数の削減、代替を意味するアールで始まる3つの英単語。実験動物に対してこれを実施することが規定。そのため、生きた動物をなかなか使えず、その代わりに導入されたのが〈縫いぐるみ〉。あくまでも、学習用なのでかわいくはない。くわしくは第5章で）

〈予防の大切さを伝える〉特徴ある症状ならば、すぐに診断できても、断然、少数派です。通常は、異なった病気でも症状は似ており、ひとつひとつの候補となる疾病の可能性を消去していきます。これを類症鑑別といい、その後、病気の成り立ち（病態）を理解してはじめて③の治療に入ります。耳疥癬であれば、ムシがいて傷ついた場所（患部）を洗浄し、ムシだけを殺滅する薬を与え、もし、その傷に細菌が入ったら（二次感染）、その治療もするなどです。③は①と②に比べ、わかりやすく派手なので、一般に、獣医さんというと③のみをする職業人と見られます。仕方がないとしても、ベースに①と②がないとダメなことがわかったかと思います。

無事治療が終わりました。しかし、そのまま帰してしまったら、どこかにムシがいる限り、また同じ病気になります。ですから、飼主に予防方法④をしっかり伝える必要があります。

「えっ、何度でも同じ病気で来院すれば、儲かるから教えないでいいんじゃね？」は、問答無用でダメです。職業倫理以前に、動物に不必要な苦しみを与えることになり、動物福祉的にもアウトです。

献血ドナー犬

（獣医大病院内で輸血のために待機しつつ、しつけ教室ではヒロインとなるイヌがひとこと）たまに腕にチクリと刺されるのはいやだけど、役に立つのはうれしいし、みんなに注目してもらえるのはもっと好き！

〈臨床ではない獣医さんの野望〉一方、③に関わらない獣医さんはどうでしょう。たとえば、公務員を含む感染症や新薬を研究・開発する獣医さんたちは①と②、あるいは④にドップリです。もし、人類福祉に貢献するモノゴトを発見・発明し、アウトブレークを未然に防止すれば、国と時代を超えてその獣医さんの名前が残ります。ときには、富を得るかも。

獣医大で密かに野心を持つ学生さんの第一歩は、卒論を学術論文として公表することです。あなたの氏名、卒業獣医大、念のために扱ったモノゴトの名称でスマホ検索すればヒットするでしょう。検索する側から、される側になった瞬間です。なにしろ人類史に名を残したことになるから。そして、それはかっこいい臨床獣医さんではない生き方も、悪くはないなと実感させるでしょう。

〈ワンちゃん、風邪をひく〉おもに部屋のなかで飼育されるイヌを室内犬といいます。コロナ禍で一気に増えました。だからといって散歩不要だとお思いでしたら誤りです。また、抜け毛やにおいはだいじょうぶですか。それに吠えますよ。どうか、安易な気分でお買い（飼い）にならないように。室内犬はほぼ小型犬種であり、ポメラニアンやチワワ、それにトイプードルなどが代表的です。実際、飼育される全品種中、2022年のランキングでトイプードルがトップでした。ちなみに2位はチワワ、3位が体重が10キロ以下のミックスでした（某ペット保険会社調べ）。

その犬種で思い出すことがあります。ある年の正月、札幌市内の民家で飼育されていたトイプードルが、突然、激しい咳をし始めましたので、年中無休の救急専門の動物病院に搬入されました。札幌市人口は約200万で、横浜・大阪・名古屋各市に次ぐ大都市ですので、そういった動物病院もあります。

そこで、ケンネルコフと仮診断されました。ケンネル＝犬小屋、コフ＝咳から、お察しのとおり、イヌの風邪です。よって、風邪薬が処方されますが、それは古典落語『葛根湯（かっこんとう）医者』に出てくる〈万能薬〉のようなものではなく、細菌を退治する抗生物質と気管支を広げる気管支拡張剤でしたので、根拠があっての選択です。それに、帰す際、

「ここは救急（の動物病院）なので、正月明け、どこかしっかりした病院で必ず診てもらってくださいね」

と、その獣医さんは付け加えたはずです。

トイプードル
ゴホッ、ゴホッ、なんとかして、ゴホッ。苦しい……。

〈謎の病気は高くつく〉さて、飼主さん、もらった薬を1週間飲ませましたが、プードルの咳はいっこうに止まりません。そこで、前節でお話しした動物病院にやってきました。そこで担当をした獣医さんは、

「ウイルス性のケンネルコフなら抗生物質は無効でも、気管支拡張剤は症状を和らげるはずですが

……。くわしく調べる必要があります。特別な検査、よろしいでしょうか?」

と、飼主さんにたずねました。

獣医療ではヒトと違って国民皆保険/公的医療保険制度などはありませんから、飼主さんが窓口で支払う治療費がとても高額に感じます。まして、新たな検査が追加されると……。もっとも、今は民間のペット保険もありますので、意識高い系飼主さんは対応されています。それでも、新たな検査はトータルで高額な治療費となるので、獣医さんにはていねいな説明能力が求められます。


〈動物病院のハイテク機器はもはや普通〉 飼主さんの了解を得た後、胸の部分を中心に横臥《おうが》と仰臥《ぎょうが》、つまりみなさんが健康診断でやるような格好でレントゲン写真を撮りました。しかし、その画像でははっきりしませんでした。そこで、病変をより鮮明にするCT装置を使うことにしました。CTとはコンピューター断層撮影法といってレントゲン写真を何枚も重ねて、その装置に内蔵されたコンピューター内で、スマホアプリで〈盛る〉ように病変をきれいにうかびあがらせます。この装置はヒトの病院では普通なので、ご覧になった方もいるでしょう。

ヒトは装置に入っても、痛くもなんともないことを知っています。でも、動物は知りません。まちがいなくパニックになります。そのため、ワンちゃんには麻酔で寝てもらいます。通常、イソフルランというエーテルの仲間を気体にした吸入麻酔薬を使います。エーテルに近いですが引火しないので、獣医さんは頻繁に使います。心拍数などバイタルサインのモニタリングが必須です(冒頭で話したとおり)。

トイプードル

（麻酔をかけられ、眠くなりつつあるなかでひとこと）なんとかしてくれるなら、少しくらい、がまんするから、ムニャムニャ……。

〈物理・化学を知らないと殺される〉 みなさんの命に関わりますから付け加えます。ＣＴと外見がよく似た装置にＭＲＩがあります。ＭＲＩは放射線を使わないので被ばく面で心配ない優れモノですし、腫瘍や内出血などの確認がＣＴより得意です。機序は省略するので、物理や化学などの知識を総動員してネット解説を解読してください。さて、装置外見はドーナツ型でＣＴとほぼ同じですが、ＭＲＩのほうが患者の入る部分はやや肉厚です。忘れていました。ＭＲＩは磁気共鳴画像診断装置といい、作動時に強力な磁力と電波を発生します。なので、この装置をオンにした途端、クレジットカードはただの板になります。いや、そんなことはどうでもいい。当然、鉄器も引き寄せます。飛んできた空気ボンベ（鉄製）が装置内の患者さん（ヒト）を殺したことがありました。

この失態が検査技師なのか、それとも医師に帰するのかわかりません。鉄が磁石につく程度の常識は持っていたでしょうから、ＣＴとＭＲＩの区別ができなかったのか、それとも、原理がわからなかったのでしょう。要するに無知がヒトを殺しました。少なくとも、このエピソードは医学という生物（ヒト）

を相手にする科学でも、物理・化学の知識が必須であるという教訓を残しました。

たとえ医学関係者であっても、このような初歩的まちがいをすること（人間なのでミスをします）、したがって、全面的に信じてはいけないこと、知識なき者はときに殺されやすいこと（もし、患者さんがCT／MRIのことを知っていれば、全力で検査を止めさせたでしょう）、そして、なんといっても、みなさんは生き残るためにも日ごろの授業を大切にして貪欲に知識を吸収すること。ええ、だれかがではありません。最後は自分自身だけが頼りなのです。

〈飼主さんが見ている前で高度テク披露〉 さて、ワンちゃんのCT画像です。薄暗い部屋でその画像を見ますと（読影）、肺に入る気管という洗濯機のホースのような管から左右に分かれる部分に（気管支）、あるはずのない〈おでき〉が見えました。そこで、次の装置投入です。ファイバースコープという管状のカメラレンズでつくられたものです（気管支内視鏡）。幸い、まだ麻酔が効いていてワンちゃんはぐっすりです。でも、気管にその管を乱暴に入れてはいけません。飼主さんが検査室の窓からご覧になっていますし（見ていなくてもダメ！）、喉や気管の粘膜に傷をつけますから。

おっと、食道（咽頭《いんとう》）のほうにズレました。入れる穴は喉頭《こうとう》ですよ。方向転換し、喉頭から慎重に挿入し、スルスルと気管を下っていき、CT画像で変な〈おでき〉を見つけたあたりに、直径数ミリの結節が3つ見えました。そのあたりに大きな血管はないことは、①の解剖学で知っていますので、躊躇なく装置先端の鋏とピンセットを足して割った鉗子《かんし》で、そのうち2つを取りました。もうひとつは鉗子が届かなかったので、残念ながら放置。そのような判断は場数（経験）が教えてくれます。採集した〈おでき〉はすぐ腐りますから、組織を固まらせる（固定）ホルマリンとアルコールに入れました。

〈ここでも理科で習った知識が役立つ〉アルコールはタンパク質を固まらせる液体であると化学で習いましたね。そして、体を形づくる組織は、生物で習ったようにタンパク質です。担当獣医さんが固定標本を実体顕微鏡という虫眼鏡のような装置を使って崩したら、糸のようなモノが見えました。

「ムシみたいだけど、（イヌの）あの場所でこういったムシはいないはずだが……。昔使った教科書やスマホで探しても出てこない。でも、あいつなら……」

となり、その〈おでき〉は、ムシヲタ＝僕のところにやってきました。

標本は同様に実体顕微鏡を使って、できるだけ内部を壊さないように処理しました。その結果、その糸状のモノは、確かにムシで、線虫の仲間でした。馴染みのない線虫をみなさんにイメージしてもらう場合、〈何々の仲間〉というように、多くの方がご存じの動物にひもづけるしかありません。線虫にはあし（肢、脚）がないので、外見はミミズの仲間（環形動物）のようですが、昆虫やエビなどの仲間（節足動物）に近いのです。線虫は体表を被う殻を脱ぎ捨てて成長するので、確かに、カブトムシなどと似ていますね。そのため、脱皮動物というグループにまとめられています。

今回、プードルから見つかったムシは、その病変の大きさや位置から咳の原因であるのは明確です。その証拠に〈おでき〉を取り除き、加えて取り切れなかった〈おでき〉の線虫を殺す薬を飲ませたら、咳（呼吸器症状）はおさまりました。しかし、その線虫の生きざま（生態、生活史）を知らないと、帰した後も感染するかもしれません。そのため、ムシの属や種などの情報を得る必要があります。これを分類学的検査といって、もっとくわしい〈○○の仲間〉を知ることです。生物で習いましたね。しかし、線虫は昆虫に次いで種が多いので、正体を突き止めるのはやっかいです。

〈正体はDNAでわかる?〉それならばコロナ禍で活躍したPCR法で調べれば、一瞬でわかるのではと思われるでしょう。一面はそのとおりですが、それは、線虫全種のDNA情報があればという前提条件が必須です。全種のDNAを調べ尽くすのは無理。あなたが何十年もかけて解析をしてくだされば、ありかもですが……。ですので、寄生虫の形から攻めます（形態分類）。これは200年以上前からの伝統的な方法です。

試料は防腐のため漬けたホルマリンやアルコールによりタンパク質が固まっているので、体は白濁しています。ムシもタンパク質で構成されていますから。したがって、体を半透明にし（透徹《とうてつ》）、形を観察しやすい処理をします。そこで、甘味料としても使うグリセリンを主成分にした液体に漬けます。サイズによりますが、半日も漬けると半透明になりますので、それを理科室にあるような普通の顕微鏡で観察します。とくに、雄生殖器がある尾を丹念に調べます。しかし、今回のプードルから出た線虫試料には雄がなく、雌の頭と子宮内虫卵などからイヌハイチュウだとわかりました。

〈一芸、子犬を救う〉なお、別のムシでは布にするように染色をして、半透明にする方法もあります。もし、興味を持ってしまったら、東京都目黒区に寄生虫専門の博物館があります。無料なので、ぜひ訪ねていき、そこで美しい標本を見ながら、学芸員の話をじっくりきいてください。ただし、気をつけてください。そこの美しいムシたちは、その後のあなたの人生に大きな影響を与え、ムシヲタの道に誘うかもしれませんから（少なくとも、僕は大歓迎！）。

さて、ハイチュウは肺虫と書きます。つまり肺のムシです。この仲間はナメクジやミミズなどの体内に幼虫がいて、それを哺乳類が食べて感染しますが、イヌハイチュウの場合、そのような手続きは踏まず、幼虫がイヌの餌などに混じって食べられ感染するのです。大昔、ヒトとイヌとが共存し、イヌハイチュウの祖先がそのようなショートカットのほうが子孫を残せるとしたのかもしれません。

いずれにせよ、ナメクジがいない室内でも感染します。あのプードルもそのまま帰せば、床などの幼虫が再感染するのは必至です。ウイルスや細菌と違って線虫感染では、通常、免疫はできません。ですので、飼主には床掃除や加熱した餌を与えるように伝えるよう指示しました。なお、イヌハイチュウによる感染症をイヌが生きた状態で診断し、治療・予防したのはこれが日本ではじめてでした。それ以前は死体から見つけられていましたが、その記録は英語論文で書かれていて、一般の臨床獣医さんが見つけるのはむずかしいです。

「ちょっと待って！　なんで、英語なの!?」

という叫び声が聞こえます。でも、世界で80人に一人しか通じない日本語ではなく、ほぼ全人類に理解される英語のほうが、断然、科学論文では価値があります。博士号を取得し、准教授から教授に昇進するのも英語論文の数が参考にされます。ですので、英語がわからないと診断・治療ができません。でも、これからはＡＩが言語障壁を低くすることでしょう。たぶん……。

ムシの形態分類は職人技のようなところもあり、その子が来院した動物病院の近くにたまたま僕がいたのはラッキーでした。けっして自慢しているのではありません。適切な獣医療では、ときにこういった一芸が必要ですし、僕のほうもめずらしいムシが入手できたのでウィンウィンでした。かくして、子犬が救われたのですが、よもや、その背景に、青白き引きこもりムシヲタがいたなんてことは飼主さんも想像がつかないでしょう。それでいいのです。臨床系ではない僕のような獣医さんたちは、あくまでも縁の下的存在ですが、まちがいなく、めだたないところで大きな社会貢献をしています。真のヒーロー・ヒロインとはそういうものでしょう。

トイプードル

ああ、あの苦しみが消えた……。うそみたい！　きっと、あのヒトたちが助けてくれたんだね。ありがとう（〈あのヒトたち〉とはあくまでも獣医さんや動物看護師であり、ムシヲタは含まれない……）。

〈ノラネコか、それともノネコか、それが問題？〉　完全な外来種であるノネコとほぼ飼育状態の地域ネコを含むノラネコとは法律上、別扱いです。しかし、もちろん、両者はあのお馴染みのネコなので区別は不可能ですし、自然界で野生動物などを餌に生活している点でも同じです。餌には希少種も含まれますから、生態系保全のため、ネコを保護（捕獲）して里親に飼ってもらう活動があります。

そして、この子もそうでした。２０１５年晩夏、長野県の地元自治体とボランティアが共同で行う愛護事業にて保護された推定4か月齢（ヒト年齢で6～7歳）雄です。子離れしつつあった時期を山中で過ごしていました。問題行動が心配されましたが、譲渡会で無事、心優しい里親（飼主）のもとに引き取られました。名前はチクワ。譲渡会で試しにあげた竹輪にむしゃぶりついた姿が圧倒的なかわいさだったのが功を奏したのでしょう。でも、塩分が強いものをネコにあげるのはおひかえください。

チクワちゃん

いやいや、違うよ。（名前の由来は）竹輪内側の焼けていない白いところが、ボクの毛皮と同じ色だからだよ。だって、両方とも基本白でもなにか微妙でしょ。だいたい、譲渡会で勝手にエサあげちゃダメだし。竹輪は好きだけどね。

〈弱みを見せないチクワちゃん、赤いウンコを出す！〉　さて、チクワちゃんですが、もらわれて2か月経ち、新居に落ち着いたころから、下痢を出すようになりました。それも真っ赤！　元気もありません。その子は幼いとはいえ、ほんの少し前まで野生動物でした。ですから、たとえ、体調不良であっても、けっして弱みを見せません。にもかかわらずなのです。そこで里親は、最寄りの動物病院に連れていくことにしました。

その病院のある町は、都会からのUターンやIターンの移住先として、ひところ注目はされたものの、人口減少が食い止められない日本中どこにでもある地方自治体のひとつです。病院の規模も、前述した札幌のものに比べると、かなり小さく、獣医さんも院長たった一人です。ですが、とても繁盛しています。院長の技量とマイペースな人柄からでしょう。また、この獣医さんはノ（ラ）ネコ愛護事業に理解があり、気がつけばいつのまにかキーパーソンのような役割も果たしていて、チクワちゃんのような保護ネコ来院は想定内です。

〈ウンコは大事な手がかり〉まず、心配をされた便色調は血液によるものと確認されました。このように血液が便に混ざったものを血便《けつべん》といい、消化管に血液が存在した証拠となります。その意味には二つあり、ひとつは消化管（粘膜）からの出血、もうひとつは気管からの出血（喀血《かっけつ》）が飲み込まれ糞に混じった場合です。口内に血液は認められないので、前者としました。

チクワちゃんの下痢便は赤味がきれいなので（鮮血《せんけつ》）、出血部は腸でしょう。もし、出血が胃で起きた場合、消化酵素などにより血中へモグロビンの鉄が酸化・変質・黒化し、鉄さびのようなにおいもします。このような黒い血便を獣医さんはタール便あるいはメレナといいます。メラニン色素と同じルーツの古代ギリシャ語〈黒〉メライナに由来した専門用語です。このようにウンコには獣医療上、重要な情報が満載なのです。

腸炎ならパルボウイルス感染を疑いました。チクワちゃんのように譲渡されるネコは、このウイルスを含む混合ワクチンの接種をしますが、ときどき、感染予防に間に合わない場合もあります。しかし、糞便（ウイルス＝抗原）と血液（血清＝抗体）を用いた検査キットで調べましたが、陰性でした。

〈ムシだった！〉そして、ウンコの診療上の意義深さは寄生虫検査で本領発揮されます。ウイルス検査と並行して、血便を水で溶いて顕微鏡で観《み》たところ、多数の回虫（カイチュウ）卵とそれより少なめの謎の虫卵を見つけました。回虫とは前にお話しした線虫の仲間です。一方、謎虫卵は、吸虫・条虫（プラナリアのような扁形動物の仲間）かもしれないと判断し、回虫といっしょに退治する合剤を投与しようとなりました。ムシ退治の薬はムシのグループごとに異なります。吸虫・条虫にはコレコレ、線虫にはコレコレというようにです。しかし、複合感染（寄生）していることが多いので、２種類の薬を混ぜた薬（合剤）を用いるのが普通です。そこで獣医さんは

「確か、皮下注射用の合剤のストックがあったような……」

と薬品庫をゴソゴソし始めました。一人で経営していますから、在庫管理をしてくれる若先生も動物看護師さんもいません。探しながら、ふと自分の年齢と後継者のことが頭をよぎりましたが、すぐに我

に返り、探索を続行、ついに目あての薬を見つけることができました。さっそくチクワちゃんに注射すると、回虫といっしょに短めのエノキダケ（茸）のようなムシがウンコとともに出てきました。その途端、チクワちゃん、食欲も出てきて元気になり、退院していきました。

チクワちゃん

（あのとき、体調が悪いのを隠したのは）**男子中学生が見せるようなむだな強がり**（つっぱり）**ではなく、生きるための手段だったのさ。野生下では生存闘争が激しく、弱みを見せたら即終わり。**

〈新種？〉 普通なら、〈めでたし、めでたし〉で終わりますが、その獣医さんは向学心の強い人でした。また、ほかの保護ネコの健康管理としても役に立つので、ムシの正体を明らかにしたくなりました。この本を書くにあたって、その獣医さんからのお手紙を見返すと、出てきたムシを新種と思われていたので、〈野望〉もあったのかもしれません。でも、薬を探すだけであんなに苦労したのだから、自分で調べる余力はありませんし、そもそもムシは学生時代から苦手です。もっとも、これは多くの獣医さんで共通です。ですので、こういった場合、自分が卒業した獣医大のセンセイにお願いすることが多いですが、知っているセンセイはすでに定年退職、あるいは、いらしても

「そのムシは僕の専門じゃなさそうだ。悪いけど、おもしろいのが出たらまた連絡してよ」

といわれて断られるのがおちでしょう（センセイも、案外、忙しいのです）。

幸い、その獣医さんには、最近、〈開通〉した特別ルートがありました。僕が卒論指導していた女子学生が彼の動物病院で実習をしていたので、

「大学で野鳥の死因を調べていたようだけど、もともと寄生虫の研究室にいるみたいだから、彼女を通して頼んでみるか」

となりました。そのようなことになり、ホルマリン漬けの〈エノキダケ〉が僕に届きました。ハイチュウのときと同じように観察し、一瞬でソボリフィーメという線虫であることがわかりました。なにしろ変な形なので瞬殺です。もちろん、新種説は速攻否定でしたが、ネコでこの線虫が見つかったのは世界で2番目。ペットの獣医療面ではたいへん重大な発見でした。

〈離乳食はなんだった？〉　しかし、この線虫は、たいがい、胃に寄生します。巨大な吸盤を使って胃粘膜を吸い取り、そこから出血した場合、前述のように黒色便になります。しかし、チクワちゃんの便は鮮やかな赤でした。ですので、本来の寄生部位ではない腸に寄生したのでしょう。それも、ウンコが出ていく出口（肛門）に近いところだったと思います。ムシも生きものなので例外はあり、本来の寄生部位とは異なったところに寄生する場合、〈異所《いしょ》寄生〉といいます。

ところで、このソボリフィーメはいつ感染したのでしょう。このムシの発育を考えると、室内飼いをする里親のところではないでしょう。卵は水中で孵化、淡水産ミミズ（中間宿主）に食べられ、その体

内で次のステージの幼虫になります。ネコがこれを食べたら感染しますが、ネコの食性を考えると、ミミズはちょっと違うと思います。でも、幼虫を持ったミミズをトガリネズミの仲間が食べた場合、親ムシにならず、幼虫のまま腹腔《ふっくう》にとどまります（この場合、トガリネズミは待機宿主）。そして、幼虫をたっぷり貯め込んだトガリネズミがネコに食べられるとその体内で成虫となります。

チクワちゃんが保護されたときの前に話を戻しましょう。保護されたのは4か月齢、その2、3か月前には離乳していますから、数週間、野生動物を食べていたはずです。子離れにはまだ少し早いので、お母さんネコが獲ってきた動物を食べていたかもしれません。しかし、お母さんがいなくなり、チクワちゃん一人で餌を獲るなら、幼い彼にはすばやい動きをする動物を狩ることはできなかったでしょう。

でも、死体ならどうでしょう。野山ではトガリネズミの死体をよく見かけます。まず、〈ネズミ〉とありますが、モグラの親戚です。大きさ的にはハツカネズミと同じです、鼻先が長い（なのでトガリ）ので簡単に区別できます。これらネズミもどきたちは、いずれも1日の栄養摂取量がとても多く、昆虫やミミズなどを毎日大量に食べないとすぐに飢え死にします。

「人間は食べるために生きるのでなく、生きるために食べる」

というソクラテスの格言がありますが、トガリネズミたちは、まさに、食べるために生きているのです。ですので、餓死した死体をよく見かけることになります。幼かったチクワちゃんは、保護される直前、このような死体を食べ幼児期を生き延び、体内にソボリフィーメを宿すようになり、腸炎になったのでしょう。

〈生態系悪化が背景〉　以上がムシと宿主双方の生態をもとにした野生下のチクワちゃんのし烈な生き方でしたが、幸い、希少種など野生動物を本格的に捕食し、自然生態系を脅かす存在となる前に、里親さんのもとに行きました。

ところで、この寄生は生態系悪化の結果かもしれませんよ。ソボリフィーメはイタチやテンなどを本来の宿主とし（好適終宿主）、どちらかというとめずらしいムシです。チクワちゃんの前に、僕らは同じ長野県内で外来種アメリカミンクからこのムシを見つけていました。チクワちゃんへの感染は、ソボリフィーメを増やした新規好適宿主ミンク（増幅宿主）の個体数増加が関わっていたと想像しています。

チクワちゃん

（もし、彼がムシヲタの存在を知ったら）なるほど、顕微鏡ばかり覗いていたのはダテじゃなかったわけだ。これからも、ボクのような保護ネコ、舞台裏から助けてやってね。

第3節　エキゾって？――ハムスターやカメ、そしてタランチュラまで

〈エキゾ獣医はカリスマ〉以上、大小2種類の動物病院の様子を紹介しましたが、患畜は双方ともイヌ・ネコだけに限りません。人々の趣味の多様化と入手しやすさ、さらに生活水準の高まりなどの要因から、エキゾと呼ばれる動物を飼育するのが人気です。もはやハムスターやカメなどは初歩で、トカゲやヘビ、果ては大きなゴキブリ、タランチュラやサソリまで飼っている方もいます。これら動物はすべて外国産で、本来的に〈国外の〉を意味するエキゾチックでしたが、この語には〈異国情緒ある〉や〈魅惑的〉という意味もあるので、エキゾ全般に対する特別感が形成されました。

そして、その動物に対して卓越した診療技術を発揮される獣医さんは、一部獣医大生のカリスマとなりました。無脊椎動物にまで果敢に挑む姿を見ると、確かに驚きです。

ところで、〈昆虫やクモも病気になるの？〉と思っていませんか。次章で話すように、ミツバチの疾病予防をする（家畜保健衛生所の）獣医さんがいるように、昆虫もしっかり病気になりますよ。いやいや、飼育される無脊椎動物はもちろん、エキゾの脊椎動物ですら、その医療技術が特別すぎるがゆえ、獣医大での教育は大きく立ち遅れています。ですので、動物看護学課程でウサギ、ハムスターやモルモットなどの齧歯《げっし》類、イタチの仲間のフェレット、そしてカメなどの爬虫類のケアが教育されることは一筋の希望の光です。しっかり教育を受けた動物看護師さんが、獣医さんをサポートしてくれるものと期待

されます。今のところ、無脊椎動物まではカバーされてはいませんが、大学・専門学校によってはエキゾ昆虫のケアなど教えているかも？　お願いいたします！

タランチュラ

ニョロニョロした気持ち悪いムシが口（口器）からはい出てきて、苦しい……。

〈エキゾは外来種になる場合も〉そのうらがえしで、めずらしい動物であるがゆえ、適切な飼育に必要な生態の基本やその動物固有の病気予防の情報がたいへん不足しており、飼育は容易ではありません。そのため野外へ放逐《ほうちく》され、外来種問題の原因となっているエキゾもあります。外来種はお堀の水を抜いて駆除するテレビ番組が人気になるように、社会的にとても注目されています。実際、ヒト・農畜産物・生態系へさまざまな被害を与えることで外来生物対策法という法律も制定されたほどです。また、エキゾ固有の病原体保有状況もほとんど未知なまま輸入されているので、僕らもエキゾが有するムシなどの病原体を調べてきました。病原体を保有したまま放されては、ヒト・家畜への新興感染症のリスクが高まるからです。

さまざまな側面を持つエキゾですが、どのくらい輸入されているのでしょう。農林水産省動物検疫所では家畜やワシントン条約の希少動物だけしか調べておらず、それ以外の哺乳類および鳥類については厚生労働省が〈輸入動物届出業務〉として調べています。この調査は2001年から開始されました。動物からヒトに感染する感染症の対策がきっかけで、この年、コウモリが全面輸入禁止、ほかの輸入もとても厳しくなりました。そのため、たとえば、12月を除く2023年のエキゾなどの哺乳類は約23万頭しか輸入されませんでした。それ以前は100万頭を大きく超えていましたので、大きな減少です。

この減少には感染症対策のための規制もありますが、動物倫理・福祉の強化から実験用マウス・ラットの使用自体が減ったことも反映しています。しかし、ハムスター、モルモット、チンチラ、リス、フクロモモンガ、ヨツユビハリネズミ、フェレット、ハイラックスなどが、現在でも年十数万頭輸入されています。依然、かなりの数ですね。

〈エキゾ爬虫類急増中〉爬虫類はどうでしょう。財務省の貿易統計によりますと、2021年には生体として約35万頭の輸入実績がありました。哺乳類をはるかに超えますが、それでもここ10年ほどは輸入数自体、減少傾向でした。その原因は食用スッポン需要低下のためでした。この動物は高級食材やサプリ原料として国内でも養殖されますから、爬虫類全体の統計も農林水産省が担当するのが自然だと思うかもしれませんが、実際は財務省ですので、まちがえないようにしてください。行政機関の思考回路は、このように僕らの理解を超越しますが、格の高い役所の調べですので数字は信頼できます。それによると、減少傾向であった爬虫類の輸入数が、5、6年前から増加に転じました。その原因は2017年以降、トカゲ・ヘビ類の輸入が急増中だからです（現在も同じ）。そして、日本へトカゲ・ヘビ類を輸出していた国はアメリカ、インドネシア、ベトナムなどのほか、ドイツやチェコなどのヨーロッパでした。

僕は東西冷戦が終わった直後（１９９１年10月）、チェコの農業大学に留学していました。若きメンデルが遺伝学研究をしたその大学は、大混乱した政情にはまったく揺るがない中欧然でした。そして今、チェコは爬虫類の一大生産国として躍り出てきました。現に大手爬虫類データベースのドメイン国名もチェコとなっていますよ。約１万年前まで最終氷期の厚い氷の下にあった中欧が爬虫類の増殖にとってむずかしい地というのは、ただの思い込みでした。おそらく、他国と競合しない分野を見定め、国一丸となって爬虫類の人工繁殖技術を高めたのでしょう。

ボールパイソン

水槽のガラスを乱暴にたたくやつもたまにいるけど、（チェコの施設に比べたら）**きれいだし、暖かくて快適だから、まあいいか。遠慮なく覗かれるのも慣れてきたし……。**

〈お住まいにヤモリ、出ますか?〉　エキゾ流通にもグローバルな視点が必要なのは当然で、そこで肝心なのは顧客のニーズをいかに早くキャッチするかです。ダントツなのは、ヒョウモントカゲモドキという種です。約７割を占め、２位のフトアゴヒゲトカゲ（約２割）を大きく引き離しています。トカゲモドキはトカゲに似ているヤモリの仲間です。ヤモリならわかるという方と、まったく無反応の方と真っ二つに分かれます。大阪市立自然史博物館が実施したニホンヤモリの分布調査によると、集中的に分布するのは京浜／京阪地区で、ほかの地域はめだたないようです。

ヤモリは暖かいところで、しかも、人間の住居環境に適応しています。現在でも物流により分布を広げてはいますが、寒いところは苦手です。当然、北海道には定着していません。僕の子どもたちはヤモリを知らずに育ち、京浜／京阪地区に進学／就職し、そこではじめてヤモリと遭遇しました。一人は感激し、毎夜、網戸に貼りつくヤモリの画像を携帯待ち受けにしていました。ならば、わざわざ外国のヒョウモントカゲモドキなんて飼わず、住みついているヤモリで十分ではないかと思いますが……。

ニホンヤモリ

（学生寮の網戸に貼りつきながら）なんなんだこいつ。オレを見るといつもはしゃいでいるぞ。今夜も撮影しているようだが、オレ、いつもと同じ格好だけど……。ほんとうに変なやつだなあ。

〈壁に貼りつかないヤモリが超人気〉ヒョウモントカゲモドキは体表の模様や太い尾などが魅力的ですし、ニホンヤモリと違って壁に貼りつかず、地に足をつけた安定感も好まれたのでしょう。しかし、こういった人気ランキングは移ろいやすいものです。たとえば、１９８０年代中ごろ、エリマキトカゲというキノボリトカゲの仲間がとても注目されました。密輸もあったとされます。しかし、ブームはすぐに去りました。エリマキトカゲは20年以上生きるので、ブームが去っても、お手元の子は大切にしてあげてください。

ところで、ヒョウモントカゲモドキなどを含む一部爬虫類の体表には、わきのところにポケットのような凹構造があり、あたかも喫煙所のような機能をします。喫煙所を設置しないと、とんでもないところでタバコを吸う者が出てきて、最悪、火災のもとになりますよね。ダニ寄生に対しても同じで、このポケットにダニを押し込め、ほかのところに広がらないようにしているのです。適応や進化の結果ですが、じつに興味深く、このような現象があるからこそ僕をムシヲタにさせるのですが……。

〈歯ブラシも治療器具〉関西のエキゾ専門動物病院にニジトカゲが来院しました。別名レインボーアガマというキノボリトカゲの仲間で、雄の場合、繁殖期にオレンジと青の体色になるので〈虹〉とついたのでしょう。これが映画『スパイダーマン』のコスチュームの配色に似ていて、人気の理由です。ですが、この子は雌なので地味。しかし、これが幸いし、体表に出現した異物はとても小さかったのですが、飼主はすぐに気がつきました。その異物は鮮紅色でしたので。

そこで、獣医さんは、歯ブラシを用い、試しにこすってみました。そうしたら、簡単に落ちました。よく見ると、その異物から脚のようなものが出ています。ダニやシラミなど外部寄生虫の可能性があると直感しましたが、自由生活するタカラダニやダニを捕食するツメダニの体色も赤っぽいのです。なんでも病原体とみなすのは早計、同定の誤りは誤診につながります。

〈ていねいな説明はエキゾでこそ重要〉 幸い、取り除いた後にめだった傷はありませんが、このまま終えては

「えっ、それだけ?」

となって飼主に余計な不信感が生まれてもいけません。この飼主は、将来、イグアナを飼育するのが夢で、まず、手始めに近縁なアガマを飼っているとのことです。知識も信念もあります。もし、帰した後、同じ赤い異物が出てきたら、ほかの動物病院に転院し、最悪、手抜き診療をされたと吹聴される危険性があります。

セカンドオピニオンは獣医さんの世界でも、もはや常識ですし、不適切な獣医療は裁判にもなっています。〈こじらせ飼主〉を産み出す原因は獣医さんにもありますので、これを防ぐため、飼主に納得してもらわないとダメ。そこで、次のような説明をしました。

「エキゾ医療は発展途上中です。今回の場合もとりあえず異物除去をしてみて、その後、確定診断をする〈診断的治療(前述)〉の手法を試みました。異物のあった部分に傷痕はほぼありません。一応、この子の好みを見ながら、ワセリンかオリーブ油を塗布します。また、この赤いものは寄生虫だと思いますが、専門家に鑑定してもらいます。それにより確定診断の一根拠としますから、本日はここまでとさせてください。後日、結果をお知らせします」

完璧な対応だと思います。もちろん、この専門家とは僕。そして、この標本を見てとても興奮しました。左右に引き伸ばされたひし形の体形は、あのヤモリダニ類です！　じつに興味深いフォルム。堪能しました。このダニ類はツツガムシの仲間なので、刺咬《しこう》されると非常に痒いでしょう。ツツガムシには僕も何度かやられたことがありますから。国外の論文にはヤモリダニをある爬虫類に実験的に寄生させたところ、前述のポケットが観察されたという記録がありました。今回のニジトカゲでは少数寄生のため、そういった構造が形成されなかったのでしょうか。ああ、残念……。

〈獣医療過誤はご注意を〉　おそらく、獣医さんは飼主に次のように話したと思います。

「皮膚の赤いものはやはり寄生性のダニでした。ダニはウイルスや細菌などを運んで、より深刻な感染症になるので、トカゲにあまり影響がない殺虫剤、そうですね、農薬のジクロルボスを水槽の片隅に置きましょう。この前みたいに歯ブラシで落としてもきりがないですから。イグアナを入れるのはいつごろですか？　その個体にも、もともとダニがいることがありますから注意してください。あのダニ、たまたま見つけやすい色でしたが、イグアナには、もっと地味なのが潜んでいることもあります。心配ならその子も連れてきてください」

と話しましたが、飼主は〈潜んでいる〉のひとことに心配したようで、察した獣医さんは、

「この前、爬虫類の臨床は試行錯誤状態と申しました。ですので、知らないことがたくさんあります。つい最近、イグアナにはダニを集める窪みが体表にあることがわかったので、そこからワーッと出てく

るかもしれません。場合によってはダニ駆除剤も必要ですが……」

と付け加えました。ダニ駆除剤とはイベルメクチン製剤のことです。よく効きますが、コリーなど一部犬種では致死的副作用を示すので使えません。この使えないことを禁忌《きんき》といいますが、イヌについては獣医さんならだれでも知っています。ですが、リクガメなどにも副作用があります。このことは、爬虫類にあまり慣れていない獣医さんではご存じないことがあります。もし、この禁忌を知らずに獣医療過誤で殺したらたいへんです。爬虫類には非常に高価な種が含まれますから。一事が万事、哺乳類のつもりでほかの動物を診療するのは危険です。やはり、エキゾに慣れた獣医さんに診てもらうのが無難かな。

ニジトカゲ

あの赤いダニ。あんなに小さいのに、ものすごく痒かったんですけど……。

〈爬虫類への虐待も罪深い〉 エキゾ爬虫類が人気なのは、散歩不要、毎日給餌する必要なしと手間がかからないことが理由とか。しかし、置物ではありません。むしろ、こういった手間こそが生きものを飼育する楽しみといえます。また、その理由では、長寿命である爬虫類を飼育している途中、飽きてしまわないかも心配です。不適切な飼育環境下に長期間置くことはれっきとした動物虐待です。この状況を国も見過ごさず、動愛法では飼育爬虫類にも網をかけました。つまり、彼らを虐待することは、法的にイヌ・ネコを虐待するのと同程度の罪深さとなります。

しかし、爬虫類の苦痛を察知するのは、哺乳類に比べむずかしいです。そこで、僕のところで卒論研究をしていた動物看護学の学生が、爬虫類への虐待をいちはやく察するため、行動や形状などに着目したストレス指標を次の①〜③に大別しました。

①過剰／緩慢な異常活動　高頻度の反復運動、壁面への口吻部こすりつけ、きわめて低い頻度の活動状態、摂食行動の低下、水生種で浮遊異常、トカゲ類で尾部の随意的な自切など

②異常姿勢や体の変形／変色　体の平坦あるいは反弓化、膨張・収縮の反復、胸垂の伸張、頭部・眼瞼の腫脹、皮膚変色・点状出血、カメ類では甲羅の変色・変形など

③その他異常　異常な発声や呼吸、天然孔からの異物排出や露出など

この指標を参考に、身近な場所で飼育される爬虫類を観察しましょう。そして、視診に必要な観察眼を早くから養っておいてほしいです。

ボールパイソン

おたくら哺乳類と違って、オレらヘビの表情、わかりにくいだろ。ポーカーフェースってやつさ。だからといって、平気じゃない。きっと、オレのようにしんどいやつが、たくさんいるだろうから、どうか助けてやってくれ。

〈密輸摘発は悲劇のはじまり〉 動物虐待は罪深いですが、密輸はれっきとした犯罪です。エキゾ爬虫類の飼育者は、犯した罪は当人が償えば済みますが、密猟で摘発された爬虫類のその後には悲劇が待ちかまえています。たとえば、僕が経験した事件の末路のように。2007年12月、空港税関で密輸されたシナワニトカゲ13匹が見つかりました。オオトカゲの仲間ですが、体長10センチ程度なので、普通サイズのスーツケースに楽々と隠せました。

密輸事件として摘発、種の保存法違反として持ち込んだ者は逮捕されました。当時、この種はワシントン条約上、商取引では許可書が必要でしたが、それに不備があったか、それとも、そもそも書類がなかったのでしょう。なお今、この種は原産地の中国南部からベトナム北部にかけての地域で絶滅しかかっているため、現在はいっさいの商取引ができません。

〈ワシントン条約と種の保存法〉 逮捕者が出たことは、エキゾ爬虫類がヒト一人の一生を左右したことを意味します。ですが、ワシントン条約と種の保存法の関係性を知らないと納得できませんね。簡単にお話ししますと、まず、条約とは日本と諸外国との約束ごとなので、個々日本人にはなんの影響もありません。もちろん、逮捕なんて無理。一方、絶滅危惧種を材料にした商品やエキゾとして購入するのは日本人です。したがって、その行為を規制するために根拠となる法律が必要で、それが種の保存法です。

一方、年々変化するワシントン条約の中味をつねに読み解く管理当局が経済産業省（一部、農水省）です。一般的な輸出入に関わるので財務省かなと思いますが、この省の人々は経済界のたくみなコーディネーター集団なので、自然や動物のことはまったく専門外。ですから、とりあえず経産省が担当し、科学当局（シンクタンク）として環境省と農水省がこの経産省に助言をしつつ運用します。

密輸事件の証拠品ですが、警察でエキゾ爬虫類など動物の飼育をするのはむずかしいです。〈落としもの〉動物では警察官がボランティアで飼育しても、あくまでも例外的です。まして、シナワニトカゲなど素人では飼育がむずかしく、動物園に委託されました。しかし、移送されて約1か月後、旋回運動をするようになりました。その2週間後、まぶたが膨れ（眼瞼腫脹《がんけんしゅちょう》）、頭部も傾き（斜頸《しゃけい》）、ついに歩行不可能となりました。そこで、レントゲン撮影をしましたが、骨格は異常なし。ビタミン剤・抗炎症剤を3日間投与しましたが、その数日後、死にました。

〈病理診断は将来の動物をまもるため必須〉 剖検《ぼうけん》（病理解剖）により、大脳に体長約12ミリの回虫の幼虫が刺さり込んで（刺入《しにゅう》）いたことが確認されました。本来、ヘビ類に寄生する回虫類の虫卵がシナワニトカゲに取り込まれ、幼虫となって体内を移行したのでしょう（幼虫移行症）。一連の行動変容は、幼虫により破壊された大脳により、神経症状として発症したのです。

ヘビ類回虫による幼虫移行症はエキゾ店内でよくあり、ヘビ類のそばで飼育されていたハムスターやフクロモモンガで発生した事例があります。もっとも注意すべきは、ヒトへの感染ですから、ボールパイソンを含むニシキヘビ類を飼育される方、虫卵検査はマストですよ。

第2章

ウマやウシの健康をまもる獣医さん

第1節　乗り手を選ぶウマ――〈相棒〉が家畜になるとき、獣医さんは?

〈黒眼鏡をかけた伝説の獣医さん〉 1979年7月、獣医大1年の僕は、2トントラックの荷台で、箱型に成形され、高く積み上げられた干し草（乾草）を押さえつつ、太平洋からの心地よい海風を感じていました。そこは北海道南部、日高地方にある競走馬（軽種馬、サラブレッド）の生産牧場で、夏休み中のアルバイトの一コマです。そのちょうど1年前、浪人生活をしていた都内の蒸し風呂のような下宿の四畳半と比べ、自身周辺の激変ぶりを楽しんでいました。さて、その牧場には、ときおり、中年男性の獣医さんが往診にきていました。せっかくですので、大先輩であるその方にいろいろお話をうかがいたいと思い、厩務員《きゅうむ》さんに仲介をお願いしました。ところが、気が進まないとのこと。

「あの先生がだれかと話していたのを見たことがない。明らかに他人を避けているね。たぶん、あの事故に関係するかもな……」

とのこと。その獣医さんが競走馬後躯《こうく》の診察中、保定が不完全であったため、顔面に蹴りが入りました。からくも直撃は避けましたが、蹄尖端《せんたん》が鼻に触れたため、鼻の根元から吹っ飛んだのでした。

「だから、傷痕を隠すために、いつもサングラスをしているのさ」

独特なオーラを放ちつつ黙々と診療される後ろ姿の、その獣医さんは僕のなかで伝説となり、半世紀近く経った今でも思い出します。このような方こそ、〈ベテラン獣医さん〉とお呼びしたいところですが、少々お待ちください。

〈ベテラン獣医さんは重複表現〉〈ウマから落馬〉のように同意のことばを重ねることを重複表現といい、不適とみなす方がいます。さて、先ほどのベテランですが、みなさんの先生が〈ベテラン教師〉とほめられるときに使われます。でも、ベテランとはもともと古い兵士、つまりむずかしいことばになりますが、古参兵《こさんぺい》です。昔の戦争ではウマが強力な武器でしたので、ベテランといわれるまで生き残れたということは、大切な相棒であるウマのことを熟知していた証拠です。当然、病気のこともくわしく、治療もしたはずです。それが転じ、ウマの病気を治す者を英語でベテリナリアン、つまり獣医さんとなりました。ですので、獣医さんを賞賛する場合、この形容詞ベテランを用いると、重複表現となり、教養があってことばに敏感な方には不快を示される場合もあるかもしれませんね。

前置きが長くなりましたが、この章ではウマ、そしてウシの獣医さんについてお話しします。家畜のことをライブストックと学校の英語で学びました。ヒトの命（ライフ）をまもるため、その身を捧げてくれる存在です。とくに食用家畜（フードアニマル）はその典型です。しかし、現在飼育される多くのウマは、前述した日高地方のような競走馬（軽種馬）で、少なくとも、その前半生は人々のよき相棒として過ごします。

軍馬

（激しい軍務を果たした後、厩舎内で若手陸軍獣医官に聴診されながら）**ほめられれば、だれだってうれしいもんさ。もっとも、この若先生、ベテランにはまだまだだがね。**

〈軍馬から競走馬へ、そして……〉時は流れ、ベテランも軍馬も過去のものとなりました。近代戦でウマがカムバックすることはなく、農耕や交通の手段にも使われなくなり、競馬や乗馬などで活躍しています。日本中央競馬会（ジェイ・アール・エー）によると、現在、約4万2000頭が飼育され、ほぼすべてが軽種馬のサラブレッドです。農林水産省によると、年に約8000頭が生まれ、同じくらいの数のウマが競走馬としての役目から引退しています。

問題はその後です。50年以上生きた記録もありますが、ウマの平均的な寿命は約30年です。一般に、競走馬は2歳でデビュー、現役期間は平均4年、6歳で引退です。そうなると、引退後、二十数年ほど生きるはずですが……。

戦死した軍馬

もう、いい加減にしてほしいねえ、いくさは……。人間ってやつはバカなのかね。

生き残った軍馬

だよな、（軍馬から再訓練され競技馬となったので）馬術競技は激しい世界だけど、弾が飛んでこないだけましさ。戦友よ、安らかに。

〈競走馬のセカンドキャリア〉約6分の1が繁殖馬としての余生を送ります。いずれも現役時に好成績を残したか血統がよいウマで、雄なら種牡馬《しゅぼば》、雌なら繁殖牝馬《ひんば》として15年ほどその役目を務めます。それぞれ、俗に種馬《たねうま》・肌馬《はだうま》といいます。後述のように乳牛は人工授精で増やしますが、ウマのうち、競走馬（軽種馬、サラブレッド）では血統登録のため、すべて交尾（本交）で子馬を得ます。もちろん、その際、ヒトが立ち会い確認します（後述の重種馬では人工授精）。そうなると、ほぼいつでも〈臨戦態勢〉の雄（牡）はともかく、受け入れ側の雌（牝）の体調が肝心で、当日発情し、受け入れるのかどうかが大切です。優秀な種馬の派遣はコストがかかるので、予定日の雌による拒否は絶対に避けないといけません。

〈アテウマをみじめだとは思わないで〉そのために、雄馬が連れてこられ、目的の雌が発情するように挑発をします。当然、連れてこられた雄馬に交尾をさせてはいけません。その役目のみを果たすウマを試情馬《しじょうば》、俗にいう当馬《あてうま》です。この役も競走馬のセカンドキャリアとして重要です。

ですが、恋愛小説やドラマなどがお好きな方にとって、〈アテウマ〉といえばみじめな男子の比喩です。意中の男子の眼前に、好きでもなんでもない男子と手をつないで現れ、落としたい男子の反応を見る駆け引きに出てきますね。〈なんでもない〉男子がアテウマですが、軽種馬繁殖を維持するためには重要です。ですので、試情馬をみじめなどと思わないでほしいです。それと、そのような扱いをされた男子へ。そのくやしさはむだにはなりません。長い人生、いつか逆転して利用をした子をくやしがらせましょう！

試情馬の活躍にもかかわらず、雌馬は20歳を超えると受胎率が低下します。よって、この歳あたりから種付け料がむだと判断され繁殖牝馬を引退します。その後は養老牧場へ引き取られたり、若いウマの群れのなかで子守り（リードホース）になったりします。あるいは、ウマとのふれあいを通じ、ヒトの心身ケアに資する乗馬療法に供されることもありますね。以上のようなサードキャリアを終えたら、天寿を全うするのも間近です。

〈繁殖馬以外のセカンドキャリア〉ほかのセカンドキャリアとしては馬術競技や乗馬クラブなどで活用

されます。ごくごく一部は、たとえば、宮内庁で皇室行事用や後のほうで取り上げる神事用に各地神社で飼育されますが、もっともイメージしやすいのはやはり競技馬でしょう。競技馬の好適年齢は10～16歳ですので、競走馬の理想的なセカンドキャリアです。ただし、バリバリの競走用から乗馬用のウマに転用するための再訓練（リトレーニング）が必要です。また、馬場馬術と総合馬術は8歳以上、障害馬術は9歳以上という規定から、再訓練期間は2～3年、その後、数年間、特定のヒト（騎手）と一緒に生活をして頂点を目指します。

やがて、そのウマも引退します。競技プロはウマの選定・仕入れ・調教・競技成績を加え（付加価値）、乗馬愛好家への販売業をしていますので、一部は活躍できます。そうではない馬主が、愛馬を即と殺しなかった場合、その後10年以上、飼い続けることになります。予後不良となる負傷や病気にならない限り安楽殺は選択しません。餌代は月に7～8万円、その他、蹄のメンテナンスや治療・予防の費用もかかります。厩舎とその補修、高熱水費も必要です。もちろん、運動場としての馬場や放牧地も健康な飼養管理には不可欠。以上のように相当なコストがかかります。ですが、愛馬は家族ですので、意に介さないのでしょう。

〈馬乳は大陸の香り〉　競走馬引退後、繁殖や乗馬にならない約2000～3000頭は、その時点で家畜となります。もし、日本で馬乳利用があれば、乳生産という理由でしばしの猶予が与えられるかもしれません。僕はユーラシア大陸東西に分かれて分布するムシの地理的分布に興味を持ち、境界線を確かめようと決心、大陸各地で調査をしました。ちょうど、某芸人さんたちが同じような地域を旅する約3年前でした（猿岩石［1996年］『猿岩石日記Part1極限のアジア編』日本テレビ）。

カムチャツカ半島、極東ロシア、中国東部、内蒙古《もうこ》、モンゴル、バイカル湖岸、アルタイ山地、チベット高原、新疆《しんきょう》、ウイグル、そしてトルコ……。結局、境界線はわからないままですが、現地の方々から、よく馬乳（酒）がふるまわれました。すばらしい風味でしたので、日本でも愛飲者が増えることを期待していますし、そうなれば一部のウマは少し長生きができるかもしれません。

〈相棒から家畜へ切り替わった瞬間〉 さて、家畜となった引退馬ですが、すぐ安楽殺されず、まず、肥育場というところへ納入されます。そこで精肉の注文が入るまで飼養されます。なぜなら、競走馬として鍛えられた筋肉はとても硬く、そのままではヒトがおいしくいただくのがむずかしいのです。したがって、食用として仕上げる必要があります。その後、ウマもウシやブタなどと同様、と畜場法という法律が規定した衛生的な施設で処理され食肉となります（後述および第3章）。また、動物園で飼育される肉食獣の餌にも使われます。この場合も衛生面に配慮されて加工されます。それでも、餌用馬肉を国内のウマだけではまかないきれず、多くは輸入されています。でも、昨今は高価になり、その代用に野生シカやイノシシを使う試みもあります（第4章）。

肥育場は特殊な業種なので、馬主に販路がない場合は、家畜市場の肉馬セリに出品します。ただし、そのセリ市も熊本県や北海道など開催地域や期間が限られ、また特殊なコネクションが必要なので、そのような人脈がない場合は即と殺して（肉利用はできず）、化製場《かせい》へ搬入します。もちろん、前述のセカンドあるいはサードキャリアの途中で安楽殺されたウマもその施設に運ばれますよ。化製場とは動物死体から油脂、ゼラチン、ペットフードなどの原料を生産する施設で、もちろん、社会には不可欠です。

幸い、最近では乗馬セリ市が徐々にできつつあり、ネットオークションも活用され、乗馬愛好家にわたる機会も多くなりました。その結果、即安楽殺されるウマはだいぶ減ったものの、依然、多数のウマが自然の寿命を全うする前に殺されています。けっして、目を背けてはいけない事実です。

〈金次郎さんに学べ〉　こういった競走馬の末路に心を痛め、法的（改正競馬法付帯決議）に〈充実したセカンドキャリア支援の拡充〉をうたっています。法という仕組みにも、動物への心配りが認められるのはホッとさせられますね。そのこともあって、寄付金で支えられる養老牧場や引退馬協会（千葉県）などががんばっています。が、日本には乗馬人口も富裕者数も少ないので、実効性となるとなかなかむずかしいようです。

この本をお読みのみなさんは、ウマを助けたいという気持ちでしょう。しかし、そのような思いをうかがうたびに、二宮金次郎や渋沢栄一のことばを思い出します。前者は二宮尊徳で江戸時代の農業振興に尽くした方で、かつて全国の小学校校庭に像がありました。後者は明治時代の経済界の重鎮で、２０２４年に発行された新１万円札の肖像にもなりましたね。お二人とも

「理想は大切だが、裏付ける経済がないとただの寝言。でも金稼ぎだけで、そこに理想がなければ、

ただの犯罪」

のような意味のことをいっています。引退馬について〈なんとかしたい〉と本気で望むなら、まず、お金です（先ほどの試算参照）。が、くどいですが、お金は手段であって、目的ではないことをお忘れなく。おっと、その前に、金次郎の像を全国の学校の校庭に取り戻し、彼の姿を示しながら、先ほどのことばを児童・生徒にしっかり伝えていくことから始めましょうか。これは獣医さんの話を超えた多くのことに通じますから。

〈ウマの思春期〉　さて、この章の冒頭で紹介した夏休みのバイトに戻りますが、後日談があって、僕はあるウマに恋されました。彼女のことを思い出すと、今でもキュンとします。その子はイヤリング中の若い雌でした。イヤリングとは、もちろん耳飾りではなく、1歳あたりの若馬を指します。その後、調教され競走馬となりますので、事前にヒトとの良好な信頼関係を構築、輸送に慣れさせるなどの訓練をします。その過程を中期育成あるいはイヤリング育成といいます。そして、そのような子たちはあたかも〈幼稚園・小学校〉のように小さなグループで生活します。そのなかに先ほど述べた繁殖を引退した雌馬がリードホースとして入り、教育するのです。その子たちの1頭が、僕をとても気に入ってくれたのでした。

イヤリングのころは思春期直前のヒトと同じなので、急激な成長によるしわ寄せが前のほうの肢（前《ぜん》肢帯《したい》）にきます。小学校時代、すぐに足が大きくなり、靴がきゅうくつになったことを覚えていませんか。ウマの場合はヒトの肩から腕・手に相当する前肢帯に全体重の７割近くがそこに負重されます。とくに、あの細い手首の関節（球節《きゅうせつ》）のところに集中します。

〈悲しき〈ゴルフクラブ〉〉そうすると、筋肉から伸びるひものようなモノ（腱《けん》）に異常な緊張収縮が続き、最終的に、それが指の末端のツメ（蹄《ひづめ》）に伝わって、その形がゴルフクラブの頭のような形になります。当然、それでは走れません。進行が早く、完全治癒《ちゆ》もむずかしいです。その見た目から、この疾病をクラブフットといいます。〈フット〉とはフットサルのフット、つまり足ですね。

想いを寄せてくれた彼女の肢は健康でしたので、僕がその牧場を去った後、育成牧場でも愛され、調教も順調に済み、無事デビュー。好成績を残しつつ引退、その後も乗馬かセラピー用として多くのヒトに愛されて安らかに逝《い》ったと夢想しています。

おっと、その前に、彼女が競走馬としてのデビュー直後に罹患《りかん》する蹄葉炎《ていようえん》という病気を克服したのかどうかが、その後の運命を決めますが……。

〈同じ患部でも〈違う〉と思う〉この病気は蹄に炎症という細胞レベルの傷により起きるのですが、発生機序が体全体に関わる点で、獣医学的に奥深い現象という見方ができます。同じ蹄を持つウシでも知られ、原因は体内の細菌が関わるとされます（次節参照）。しかし、ウマでは前肢の片方が別のきっかけで故障し、そのために反対にその負重が加わり、その蹄が蹄葉炎になることが多いようです。また、糖尿病のような病気に罹患後、インスリン分泌異常による血流不良で起こる場合もあります。さらに、酷暑の夏が続く昨今、暑熱環境下での激しい運動により熱中症となり、極度の脱水を原因とする蹄葉炎も増加しているようです。

このように、蹄という患部であっても、動物種（ウマとウシ）や年齢、そして気象条件などによって病気の成因が違うのです。この例のように、患部や症状が同じでもその原因が異なるのではないかとする姿勢は、多様な動物と向き合う臨床獣医さんにとって必須な資質です。つまり、〈徹頭徹尾、猜疑心を強く持て！〉です。疑り深い人間は嫌われますが、動物の健康のため、がまんしましょう。

〈柔軟な視点は〈わかる〉から〉獣医大で多様な動物の病気すべてを教えるのは無理です。しかし、授業ではウシの蹄葉炎しか習わなくても、それが〈わかる〉ならば、

「同じ蹄があるんだし、ウマにも同じ病気があるんじゃね？」

となります。大学の授業とは、そのような科学的な連想をする場です。たんなるモノゴトを〈知る〉だけの場ではありません。そして、教員側は〈わかってもらう〉ため、〈わかっているだろう〉ことにひもづけ、ギャップがないように教育するのが大事でしょう。たとえば、ムシの生きざまを普通に暮らしてきた大学2、3年生に話す場合、

「（略）寄生虫は、まるで人間の17歳の男の子（略）頭のなかは食べることとセックスのことでいっぱいだ。むしろ、セックスのことばかり（略）」

のようなものはいかがでしょう。『馬の寄生虫対策ハンドブック』（マーチン・K・ニールセン、クレイグ・R・レインメイヤー［2019年］緑書房）というこの分野で非常に優れた教科書の一節です。

ところで、僕は動物好きの学生さんに囲まれています。そして、彼ら・彼女らと向かい合うたび、〈好きとはなにか〉と自問し続けました。いまだに答えは得られていませんが、たぶん、〈わかった向こうにあるなにか〉だと想像しています。そして、これまでの経験から、〈真の好き〉となった学生さんは生き方につなげ、多くの方がプロとなっていきます。また、そのような人材が育つことによって、獣医学が進むのでしょう。ならば、〈わかってもらう〉ため、僕も相当な覚悟を持って、セブンティーンの話をしないといけませんね。

〈食用のウマについて〉 競走馬（軽種馬、サラブレッド）の話に戻りますが、あの美しくスレンダーな子たちでも、体重400～600キロもあります。ですが、ウマのなかではそれほどの重量ではなく、重種馬では800キロから1トンとなります。こちらはおもに食用や農耕のため飼育される典型的な家畜で、ペルシュロンやブルトンなどが知られます。晩酌のおともの馬刺しはこちらから加工されます。それと、道外の方にはあまり馴染みがないでしょうが、ばんえい競馬の競走馬も重種馬です。この競馬は数百キロもある重いそりをひいて競う公営競馬です。とても勇壮ですので、一度、ご覧になってください。

その競走馬用を含めても、重種馬は約5000頭しか飼育されていません。ですから、食肉利用となると、とても足りないので、毎年、カナダなどから3000～4000頭輸入されます。でも、まだ足りません。5000トンほどの冷凍馬肉も輸入しています。1頭から取れる肉の重さをもとに計算すると約2万頭分となります。

このほか、日本では（ミニチュア）ポニー（小格馬《しょうかくば》）が約600頭飼育されます。ふれあい動物園などで人気ですが、食用馬としても活用されています。お正月やお盆以外では馬肉消費が低下しますが、その期間に、新鮮な精肉を少量ずつ卸すのが便利なので、ポニーが肥育されているのです。

さまざまな経路で馬肉が供されることを説明しました。なんとなくウマはヒトの友のような印象ですが、現実はきびしく、そして、その飼育や衛生管理のすべてで獣医さんが重要な役目を果たします。ですが、ウマはウシ・ブタ・ニワトリなどに比べたら桁違いに少ないのです。つまり、食としての馬肉はハレの日の特別感はあっても（前述）、ケ（日常）のそれではないことを反映しています。なお、重種馬には軽種馬とかけあわせた中間種が一部競技馬にも使われることは付け加えておきます。

また、これも食用とは関係しませんが、北海道のことなので追加をさせてください。北海道では昆布漁の漁師さんを手伝うためにもウマはさかんに使われていました。海から引き揚げられたばかりの昆布はとても重く、しかし、機械が使えない場でたいへん重宝されました。そのようなウマの子孫が北海道の離島に今も生き残っています。そのウマのドラマチックな生きざまに思いをはせた作品が『颶風《ぐふう》の王』（河﨑秋子［2018年］角川文庫）です。僕が起居するのが北海道なので、本書の舞台はどうしてもこの場所の話に偏ってしまいます。ご容赦いただきたいのですが、もし、北海道の動物や自然に関心のある方は、河崎先生の作品もあわせてお読みくださると刺激になるはずです。

〈在来馬について〉 以上のほかに、日本では約１７００頭の在来馬が飼育されています。在来馬は、その名のとおり、古墳時代あたりから飼育され続けるウマのことです。その祖先は大陸から運ばれたモウコノウマです。体格は小さいですが、相対的に後躯が発達し、急勾配のある険しい山道でも楽々に動けます。また、側対歩《そくたいほ》という右前肢と右後肢が同時に出るような歩き方なので、上下振動がなく合戦では重宝されました。

ですから、映画やテレビの戦国モノでは在来馬を使うべきですが、実際は軽種馬が登場してしまうので、ウマや日本史、さらには古武道にくわしい方にとって、違和感しか残らないようです。さぞや苦々しく映画やテレビをご覧になっていると思います。僕は山梨県の生まれゆえ、戦国最強の武田騎馬軍団のウマたちに注目しますが、草原の覇者である軽種馬が、山ばかりの土地（とされた合戦場）を疾駆するシーンを見ては居心地が悪くなります。在来馬はどれもみな、木立のなかで小回りが利き、登坂能力に優れ、ベテラン（前述）にどこまでも忠実な、かつ〈頭のよい〉戦友であったはずなので。

〈動物虐待と神事〉 これに関連して、動物愛護面で問題視されるのが、急勾配の坂を駆け上がらせる神《しん》事《じ》です。かつて、この神事でウマを負傷させ、結局、安楽殺したことが大きなニュースになりました。まず、その選択は、獣医療と早急な苦痛除去を鑑みるとまったく正しい処置です。ですから、中途半端な〈延命〉を望まないようにお願いしますが、この一連のことで、なにが問題なのかと問われれば、答えはそういったイベントに軽種馬を使ったことです。

ですので、なかには〈在来馬を使え〉といった有識者からのご意見があったようです。ごもっともです。大昔に起源を発する神事ですので、当然、そこで使われたのは在来馬一択です。明治以降に入ってきた軽種馬ではありません。しかし、在来馬は先ほど述べたように飼育頭数自体が少なく、歴史・文化的に貴重なので、国・県などの天然記念物に指定されています。そうなると、指定地域外に出すことや飼育環境を変えることは無理です。ましてや、そのような危ないことに参加させることなどは論外です。

引退軽種馬

（マスコミの批判を受け）壁もなくし、坂の勾配も緩やかにしてくれたようだけど、こういうの、ほんとうはわたし、得意じゃないんだけどな。無茶ぶり（神事）に付き合うのは、これを最後にしてほしい……。ああ、しんど。

〈乗り手を選ぶ在来馬〉それに、在来馬自体の特性も、現在の神事のありようではむずかしいかもしれません。先ほど、在来馬を〈頭のよい〉としました。ウマが賢いのはわかるとして、なぜ、ここで、特別に〈頭のよい〉としたのでしょう。その前に、まず、性格のお話をしますが、在来馬は、ときどき、ネットなどで温和と紹介されることがあります。

誤解かもしれません。室町時代からの戦国の世では、むしろだれにでも噛み付くような気性の荒いウマのほうが重宝されました。その当時は牧（マキ）で放牧され、自由に繁殖しました。ですので、子馬たちは自力で考え、自然環境や群れを生き延びた母馬に育てられました。そのような、野生子馬の選抜、捕獲する作業が〈馬追《うまお》い〉という行事として残っていますね。そのような形で生き残った在来馬は、その遺伝子を受け継いできましたので、完全な管理下にある軽種馬（サラブレッド）に比べると、たいへん頭がよく、思考力に優れているとされます。

というわけで、彼ら在来馬は、あたかも日本犬のように、自らが乗り手を選ぶとされます。そして、ウマに選ばれたヒトでなければ扱えず、そうなると軽種馬に比べ調教がむずかしく、人馬ともに共同生活しないと信頼関係が醸成されません。管理が異次元的にむずかしいので、飼養者は増えませんし、もちろん、在来馬の活用も、現在、普及しないのは当然です。要するに、表面だけをなぞった令和の神事を続けるのかどうか。それが問題なのです。

〈歴史・文化としての神事〉一方、そのようなギリギリの状態で維持している神事は日本の歴史・文化の一環です。動物虐待として、一刀両断にしてしまってよいものでしょうか。確かに、神馬のための厩舎はあるものの空だったり、あるいは申しわけ程度の木馬を納めたり、ほんとうのウマがいても神官がウマを扱えなかったり（前述のとおり）などの問題山積ですが……。

ですが、氏子《うじこ》の方々の必死の努力で、ウマが活躍する神事が今日まで残されている地域があること自体、驚くべき事実です。ですので、これまでに述べたようなウマの品種、人材、資金などを慎重に念頭に置きつつ、継続をしてほしいですし、これが一般的な結論だと思います。

そして、技術者である獣医さんは、その決定に粛々と従い、そのウマたちの健康をまもることに腐心するだけです。職責上、獣医さんの立場で神事存続云々の論議には関わりません。もちろん、決定をする場に獣医さんが呼ばれるでしょう。動物のプロとみなされているからです。ですが、人々に期待されることは獣医療・獣医学関連のみです。

しかし、獣医さんが個人的に努力して、それ以外の日本史や民俗などを深めていればどうでしょう。これが教養です（第5章も参照）。もし、ウマの獣医さんを目指されるのなら、自己研鑽（自己学習）をして教養人になるべきです。それにより、多くのウマが救われるはずですから。

以上、ウマ自体の話でした。つまり、一見、華やかな競馬の世界ですが、引退軽種馬は寿命を全うする前に多くが命を失っていること、それ以外のウマたちにもさまざまな問題があること、そして、そのきびしい現実に、日々、向き合っているのがウマの獣医さんたちであること。

〈競走馬の獣医さんはどこで働く?〉 街の動物病院にいる獣医さんはイヌ・ネコやウサギ、ときにはイグアナだって診ますが（第1章）、ウマの場合はほぼウマのみ、それも競走馬（軽種馬）に特化していることが普通です。そして、その約半分が競馬主催者団体で働いており、その団体としては日本中央競馬会と地方競馬全国協会があり、前者はジェイ・アール・エーとして知られます（前述）。一方、後者はエヌ・エー・アールで、このエヌがナショナルであるように、各地競馬を一括管理する団体です。ところで、大きなスポーツ大会に出場する選手ではドーピングが問題視されますが、じつは競馬や馬術競技会に出るウマでも同様なのです。したがって、ジェイ・アール・エー関連の競走馬理化学研究所という専門機関がドーピング検査を行いますが、その担当も獣医さんです。

もちろん、臨床の獣医さんもたくさんおり、軽種馬の主治医に関しては、先に紹介した寄生虫対策ハンドブックを翻訳された獣医さん・妙中《たえなか》友美先生にお願いしました。妙中先生は僕が働く獣医大とは別の大学の学生さんでしたが、2004年、彼女の夏休みに、僕の野生動物医学専用施設が開設された際、特別実習をされた第1期生でした。そのようなご縁から、今でもなにかとアドバイスをいただいています。今回も〈もし、ウマ専門の獣医さんを目指すなら〉ということで語っていただきました。では、お願いいたします。

〈競走馬の現役獣医さんから〉「私（妙中先生）は北海道勇払原野にあり、常時、3000～4000頭の競走馬（軽種馬、サラブレッド）を管理する牧場で働いています。事業所は北海道のほかに福島県と滋賀県にもあり、社員約1000名中、獣医師免許所持者は約20名、うち数名が非診療業務の管理職、よって15名ほどで臨床現場をまわしています（獣医さん一人が200頭超を担当）。年齢層は熟練の50代から新卒の24歳までで（ちなみに妙中先生は中堅）、ケガや病気の治療はもちろん、治療後のリハビリ指導や疾病予防もこなしています。また、会社の事業内容が競走馬の生産（繁殖）・育成・販売・調教（トレーニング）などなので、頑健な子馬がたくさん、無事に生まれるように、そして足の速い競走馬に育つように、さらにはレースでケガなく走り切り、競走馬として十分能力を発揮できるように、獣医師の立場から、ありとあらゆる場面で日々のケアに力を入れています。

とりわけ、私（妙中先生）がこの仕事にやり甲斐を見出しているのは、赤ちゃんから成馬まで命のあらゆるステージに寄り添えることと、飼養管理から総合的に動物たちの力になれることです（食用動物生産の場と比較しましょう）。獣医師になりたての私（妙中先生）がそうした現場から得たパワーは絶大で、バイタリティにあふれる先輩方からたくさんの刺激を受ける毎日でした。

ところで、この職場は男の世界でした。とくに、繁殖シーズンの1～5月は一晩に何度もお産に呼び出され、難産対応や新生子集中治療、緊急手術から入院・看護までこなし、当然、夜勤明けの通常診療で、土日昼夜関係なく職場に入り浸りがあたりまえ。ですので、家事や子育てなどの両立は厳しい職業でした。

しかし、ジェンダー平等やダイバーシティ、少子高齢化、働き方改革などの社会的な流れで大きく変わりました。実際、私たちの職場でも、15名の獣医師中私含め7名が女性です。まだ少ないですが、同僚には子育てをしながらの共働き夫婦や女性のほうが家計を担う家庭も現れ始めています。とりわけ、競走馬業界は、近年、男性よりも女性からの人気が高く、女性率はこれからもっと高まると思いますよ。ですので、男女ともにみんなが働きやすい職種へと変革が促進されると期待しています」

妙中先生からのメッセージは以上です。最後の点について補足します。農林水産省（２０２３年）によると、競走馬診療を含む獣医事に従事する女性獣医師の割合は20代で54・８％となり、ついに男性のそれを凌駕しました。ちなみに、浅川の世代（60代）では15・２％で、隔世の感がありますが、この本では性を超えて受け入れていただけるよう書き進めます。妙中先生、ありがとうございました。

第2節　ウシやブタを診る獣医さん　——命をストックする食用動物

〈食への関心が高まった背景〉前節で述べたように、多くのウマは前半がヒトの相棒、後半が家畜でした。一方、徹頭徹尾、ヒトの食のために生まれ、そして死ぬのがウシやブタなどです。家畜の数としては、これらのほうが断然多く、人間社会では普通の存在です。その獣医さんは、家畜に乳肉を順調に生産してもらうためのサポートをします。乳肉生産の産業を畜産といい農業の一角をなしますので、獣医さんはこのような形で、日本の農業を支えています。

ところで、その農業に関してですが、このごろ、〈食料自給率を高めよう〉とか〈食料安全保障を強化〉などとにぎわしていますね。どういうことかと申しますと、日本はこれまで世界中から大量の食料を買っていましたが、むずかしくなったということです。その原因は、①国外の食生産自体が低下したこと、②世界的な政情から運ぶのがむずかしくなったこと、③日本のお金の価値が急速に低下（円安）したことなどです。

たとえば、日本人にとってごく普通の食材、豚肉をもとに日本の自給率の深刻さを示します。日本で消費される豚肉の半分は〈自給〉、すなわち日本で生産しています。でも、そのブタの餌の自給率を反映させると、豚肉の自給率はわずか約6%となります。ブタと同様、牧草に頼らないニワトリの餌もほぼすべて輸入です。

ですから、食料自給率をアップさせるには、自国でつくられた家畜餌（エコフィードといいます）の生産が急務なのです。また、ハムやベーコン、ソーセージなどの原料豚肉も約90％が輸入ですから、コンビニでお馴染みのおいしいファストフードも、もし輸入できなくなったら真っ先に姿を消します（以上、２０２４年３月、山形大学農学部資料）。ですので、今の日本の畜産は、原料（餌）を海外に依存した加工業なのです（後述）。

〈お金さえ払えば〉は、もう無理〉国外の食料が買いにくい理由が前述の①ならば、まず自国民優先なので、他国には売りません。もっと積極的に、食料を武器として使うこともあります。幸い今の日本は、そのような極端なことをされないのでだいじょうぶです。いろいろ問題は指摘されますが、政府はそうやすやすと日本人を飢えさせません。ですが、他国に食料を頼っている事実に変わりありません。

食生産にふりむけるパワー（人材、資金、土地など）を、日本人の得意技を生かした工業・製造業面などに投入し、その結果、経済大国となり、〈金さえ出せば、いくらでも食料は手に入る〉状況を、長年、享受してきました。ついには、食料のありがたさを忘れ、食物廃棄があたりまえになり、今となって〈フードロスの見直し〉を進めています。これを効果的に進めるため、〈食料をむだにすることはライブストック（家畜）の命をむだにすること〉に加え、〈国外の自然生態系の大切な天然資源をむだにすること〉という事実を実感する必要があります。もちろん巻き添えになった命も……。

〈食生産の場での動物事故死〉えらそうに書きましたが僕も無知で、野生動物医学担当になり、食生産・流通の場で死んだ野生動物が多数運ばれてきたことで、〈巻き添え死〉をはじめて知りました。家畜の命をいただきながら、その周辺の野生動物も殺している事実。とりわけ、獣医療と密接に関わる畜産業の現場で多くの野生動物が死んでいる（殺されている）事実は、もう僕一人では抱えきれません。獣医大を目指す若い方には知ってほしいのです。

大量死の背景に、日本の畜産が加工業のような状態であることにも関わりますので、再度、食料自給率の話題に戻りましょう。日本人の餓死を防ぐ方策を考えるには、鎖国をしていた江戸時代が参考になります。日本政府の〈少子高齢社会に関する調査会〉によると、まず、その時代の人口を約2700万人と推定しています。当時、日本国土の土・水・空気・日光で得た米がおもな食料資源でした。いや、米は主食なので〈食糧〉と書くのが正しいですが、それはともかく、国土で養えるパワーは2700万人分となります。また、動物性タンパク質はヒトが食べない雑草やワラなどを餌とした家畜から得ることにしましょう。家畜とヒトの糞尿は畑作物や牧草など肥料になります。これで飼料や肥料を輸入する必要がなくなりました。そういった循環のなかの畜産業こそ真の一次産業です。

たとえば、獣医大推薦入試の面接試験で、獣医さんになりたい理由に〈一次産業への貢献〉を口にする受験生が比較的多いです。頼もしくすばらしいのですが、今の獣医さんは、国際的な経済情勢などから二次産業（加工業）の末端に位置するという認識が正確です。以下、説明します。

ハシブトウミガラス

かわいい雛たちが待っているのだから、こんなところ（刺し網）で絡まっているわけにはいかない……。

〈お米にケチをつけた民〉このように、お米は日本人にとっての生命線ですが、この作物を貶《おとし》めたことがありました。1993年初夏、僕はムシ調査のため中国・ロシア各地をまわりました。日本のムシの故郷を探るためで、7月にはサハリンに渡りましたが、とても寒く不気味でした。そのころ、日本は未《み》曾《ぞう》有の冷夏に見舞われ、米の大凶作となりました。そのため、タイ国の厚意で米を緊急輸入させてもらいましたが（平成の米騒動）、タイ米の独特のにおいやパサパサ感に不満百出、その反応にタイの人々は憤慨しました。当時の日本人はバブル経済の余韻に浸っていたので、おごっていたのでしょう。はずかしいことです。主食を、それも他国の方々のそれを貶めた事実が、禍根とならないことを祈るだけです。

もし、輸入が止まると、当然、米・麦などの主食をこの狭い国土でつくるしかないのですが、先ほど見たように約1億もの人々を満たすにはとうてい足りません。ですが、この悲観論に対し、すぐ反論されるでしょう。

「江戸時代より農業技術も進歩している。米はもっととれるはず！」

とです。そのとおりですが、今日の収量には優れた肥料や化石燃料で動く機械が必要で、いずれも輸入されています。基本的な部分が海外依存という現状は、ほかの農林水産業でも同じです。このように、将来の食料（食糧）供給は不安定で、ついには、為政者《いせいしゃ》により罰則規定を盛り込んだ〈食料供給国難事態対策法〉が施行される事態にいたりました。でも、これまで食資源をたんなる商の一部として経済原理の荒波に任せて久しいので、どれだけの効果があるのか……。

そうそう、肥料にはヒトやわずかながら家畜の糞尿がありました。今はお金をかけて処理していますが、江戸時代、農家さんはお金を払って糞尿を買っていたほど貴重です。まさに真の循環です。ムシをはじめとする病原体も循環してしまいますが、絶滅危惧状態のムシの研究者はともかく、ほかの感染症は研究者も多いのでなんとかなります。

もちろん、その糞尿やできたお米などの作物を運ぶのに、逆鎖国では輸入依存の化石燃料は使えません。ですので、地産地消が大前提。そうやって工夫しても、養えるのは、せいぜい明治初期の推定人口5500万人くらい。半分は餓死でしょうか。なお、糞尿肥料に関しては、古典的名著『黄金の土／有機農法』（ジェイ・I・ロデール［1950年］酪農学園と農山漁村文化協会で復刻版刊）を図書館で探してほしいです。また、〈国境なき獣医師団〉創設者のデイビッド・ウォルトナー＝テーブズ（グエルフ大学）が『排泄物と文明』（［2014年］築地書館）でこの肥料問題について論じています。

〈加工業となった畜産〉その明治時代ですが、富国強兵のキャンペーンのもと、政府は頑健な兵士が必要でした。幾多の戦役では、優先的に軍隊では乳肉が供与され、兵役を終えた人々により、洋食は一般的になります。それにともない、畜産業も広まっていきましたが、当初、ウシやブタの餌もヒトの食料と競合せず、かつ、自給自足でした。

ところが、規模拡大につれ、日本経済の力を高め、餌はつくるより買ったほう（輸入）が早いとなりました。そして、日本の高品質の畜産物が市場価値を高め、効率重視となりました。家畜の餌も、ついにはヒトが食べられるようなモノ（トウモロコシや米など）が使われるようになりました。〈出荷地〉の名をつけたなんとかランクの牛肉も珍重される特産品の銘柄豚も、ほぼすべて餌は国外からのもので育っていますよ。

なお、肉牛のブランド名に関してですが、たとえば、生まれて1年ほど育成された後、ほかの場所に運ばれれば、そこで2年間肥育され出荷されます。そのとき、誕生した場所の地名ではなく、出荷された場所（肥育された場所）の地名が冠され〈○○牛〉として流通されます。でも、しょせん、同じ日本のなかの話なので無視しましょう。注目すべきは、繰り返しますが、肉の原料となった餌はほとんど外国産なのです。そのほうが、人件費含めコスパがよかったですし、食味も優れています。なぜなら、ウシ本来の食資源の植物だけでは、一般には好まれない食味となるからです。

〈「草まで輸入しているのですか⁉」と驚愕した農水大臣〉 輸入飼料の多くはトウモロコシで濃厚飼料に加工されます。餌用トウモロコシは日本でもわずかにつくられますが、アメリカ産やアルゼンチン産などのほうが安かったので、乾燥させた粒々の部分（子実《しじつ》）を大量に買い付けていました。しかし、これも今、価格高騰中ですし、バイオエタノールの原料にする企業や需要急上昇の中国など新興国に買い負けています。ですので、北海道産に置き換える試みが進行中です。ちなみに、僕は餌用トウモロコシ（デントコーン）を茹でて食べましたが、スイートコーンに比べ固く甘みは少ないものの、十分、食べられましたよ（個人的な感想）。いざとなったら、飼料作物をヒト用に転用してもよいでしょう。

さて、なにしろ濃厚なので栄養過多のきらいがあり、牧草とのバランスを崩してまで多給すると、4つある胃のうち、もっとも大きい第一胃（こぶ胃）内で異常発酵をしてガスが発生します。中高の理科（生物）で習ったように、草食獣は草を微生物の力を借りて（発酵させ）脂肪酸を吸収し、増えた微生物はタンパク源として消化されます。なお、牧草のほうは濃厚飼料に対し粗飼料といいます。粗飼料とありますが、けっしてお粗末ということではありません。繰り返しますが、ウシなど草食獣本来の餌です。

もっとも、この草ですら20％以上が輸入されています。就任直後、この事実をきかされた農水大臣が「この国は草まで輸入するのですか⁉」と驚愕したという報道がありました。大臣の気持ち、よくわかります。牧草畑に囲まれた獣医大で働く僕もショックで、ひざから崩れ落ちました。経済原理に身をゆだねたら、農業は完全におかしくなることを実感した瞬間でした。繰り返しますが、主食の耕作に使えない野山や荒れ地などに生え、ヒトが普通、食用とはしない植物を食べてもらい、乳肉として利用するのが家畜の存在意義です。

〈胃袋のガスは家畜を殺す〉飼料に関してはこのように課題山積ですが、末端の獣医さんにはなにもできませんので、ここまでとし、異常発酵した胃のガスによる話題に戻ります。過剰な発酵ガスが発生したらゲップをしたらよいのです。お行儀が悪いとか、あるいは

「ウシのゲップはメタンガス主体なので地球温暖化を促進するから出しちゃダメ！」

なんていってられません。出さないとウシは苦しむので、どんどん出してもらいましょう。でも、ゲップでは間に合わないほど発生したら、貯まるだけです。そのため、胃が風船のように膨らみ、鼓脹症《こちょう》という病気になります。かなり危険で死ぬこともあります。

要するに泡が問題なので、軽度ならシリコーン剤や大豆油などを飲ませますが、重度なら膨れた胃に套管針《とうかんしん》という特別な器具で穴をあけてガスを抜きます。小さな傷ではありますが、感染の危険性もあり、内服で済むならそれにこしたことはありません。

濃厚飼料がこの病気の原因となったのは近年のことで、昔の鼓脹症はクローバー（シロツメグサ）などマメ科牧草をたくさん食べて起きました。たとえば、19世紀後半のアイルランドのある獣医さんも、この病気を治療していました。ある日、その息子さんから、

「愛車（自転車）の乗り心地が悪いよ、パパ。なんとかしてよ」

と頼まれました。僕なら、速攻、

「おいおい、お前は誤解しているね。パパはただの中途半端な獣医さん。昨日だって、僕の学生さん

が長期休みで放り出した野鳥を連れてきて、おまえたちに世話をまかせたろ。そろそろコノハズクに餌をあげる時間だし、それに、お尻が少しくらい痛くてもだいじょうぶ。そのうち慣れるさ」

といって強制終了です。しかし、このアイルランドの獣医さんは頭のなかで、鼓脹症により膨れた胃を細長くして硬い車輪に巻き付けました。考えただけではなく、器用な彼はゴム袋を改造してさっそく試作品をつくり、その場で乗り心地問題を解決しました。そう、日ごろお世話になる空気入りチューブ式タイヤの原型を考案したのです。かくして、彼は息子の英雄となり、同時にものすごい資産家にもなりました。彼の名はジョン・ダンロップ。あのタイヤで有名なダンロップ社はウシの獣医さんが創立したのです。

〈無理をしている家畜たち〉 現在、ホルスタインという乳牛の品種は1頭あたり年間約8トンの乳を泌乳し、なかには20トンを出すウシもいます。子ウシを育てるためには1トンで十分なので、その何倍も分泌している計算になります。この生産性は品種改良の成果ですが、相当無理を強いているのはまちがいないでしょう。病気になるのが当然で、そういった生産に悪影響を与える病気を治療・予防するのが、家畜の主治医である獣医さんの主要な仕事です。

もし、治療に予想外にお金がかかりすぎ、治っても、治療費が回収できないと判断されたら、かつてはその乳牛は廃用になり（乳廃牛）、ひき肉などお手ごろ牛肉などに加工されました。最近では老齢個体や雄を含めた乳廃牛は肉用に肥育され（つまり、乳くさくないようにして）、出荷される試みがあります。同じ理屈で、１頭の利益（単価）がそもそも低いブタに関しては、個別に治療対象とすることは（個体診療）、費用対効果から端からありえません。以上のように、徹底的に生産性が追求されることから、家畜は〈生産動物〉とも称されます。そして、家畜を診る獣医さんは、農家さんを絶対に損をさせないのが大原則です。強調しますが、獣医さんの仕事を救命のみとしていたら大きな誤解ですし、その前に知ってほしいのはウシ本来の生態・生理をねじ曲げて、僕らの食を支えている現状です。生産動物の命をむだにしないためにも、食べものを大切にすることです。

〈種付けとチョッケン〉あたりまえなのですが、乳牛が乳を出す理由はお母さんと同じで、赤ちゃん（子牛）を育てるためです。けっして、人間のために生乳《せいにゅう》（これが加工・調整され牛乳になる）を出しているつもりはありません。ですので、叱られそうですが、乳を出すのは雌だけですよ。雄ではありません。大手乳業会社の広告で〈俺のミルク〉といううたい文句を見聞きしましたので、念のため、再確認をしました。

もちろん、雌牛であればすべてが乳を出すのではなく、妊娠し赤ちゃんを産んだ直後の母牛だけです。したがって、生乳を得るために、雌牛が確実に妊娠しないとなりません。ウシでは人工授精で子を得て、その実務は家畜人工授精師（国家資格）が行い、獣医さんと共同して確実な妊娠・出産に導いていきます。このあたりは、前節で説明したように本交（雌雄の交尾）のみの軽種馬とは異なります。人工であれ自然であれ、それは農家さん含め〈種付け〉と称していますが、その説明は不要ですね。最近の肉牛

（とくに黒毛和種という品種の約2割ほど）では、〈種付け〉不要の受精卵移植で子を得ており、その実務は家畜受精卵移植師（都道府県知事からの免許）が行います（なお、ウマでも在来種であれば受精卵移植が認められ、在来種の保存に大きな期待が寄せられています）。

ところで、人工授精ですが、とても重要で印象的なスキルについて言及しないとなりません。その雌牛が妊娠できる状態なのか、子宮内の子牛はすくすく育っているのかなどを肛門から手を入れて、卵巣や胎児の状態をさぐることです。そのシーンについては〈はじめに〉で触れましたが、要するに直腸から体内の様子を触診するので直腸検査といい、獣医さんや学生はみな〈チョッケン〉といっております。

乳牛
（チョッケンを受けながら）**あらまあ、あんたの腕は細いねえ。助かるけど、卵巣に届くかねえ。**

〈農業をやめなさい〉とならないように〉家畜が農家さんの貴重な財産、生命線であることは理解されたと思います。そして、家畜診療を専門にする獣医さんは、この財産をまもる専門家です。その獣医さんはペットと同じように、民間の家畜病院に所属したり、自身で経営されたりする場合もありますが、少数派です。

前章の動物病院で支払う費用が高い印象を持たれる理由のところで、ヒト医療に関し〈国民皆保険〉

について触れました。これと似た仕組みが農業にもあります。相互扶助にもとづく制度で、日々の暮らしに困らないくらいのお金をプールして、困った事態（農業災害）に陥った方にその一部のお金を使ってもらう仕組みです。獣医さんはその仕組みのなかで働いています。

このような仕組みがなかったら、たとえばテレビドラマ『北の国から』のワンシーンのようになります。大雨で農作物を流してしまった農家さんを助けるため、近隣の人々が支援金を出す話です。しかし、その農家は以前にも同じような失敗をしていました。ですので、少しぐらい助けてもむだと感じた農家の一人が〈あんた、もう農業をやめなさい〉と吐き捨て退出しました。しかし、後日、今度は退出した農家が濃霧の作業中、事故で家族を失い、夜逃げして……。農業のきびしさが伝わる名場面でした。みなさんのご両親あるいはご祖父母のなかには、このドラマの熱烈なファンが、まちがいなくいらっしゃるはず。詳細はそちらにおききください。

〈家畜の獣医療は保険で〉 家畜が突然死んだら、農家さんはたいへん困ります。一方、自然環境がきびしい北海道では、このような災害は多いのです。最近注目されるのはヒグマ、シカ、アライグマなどの直接的な獣害です。また、道外では、口蹄疫や豚熱などの家畜伝染病でもウシ・ブタが失われました。しかし、失った家畜はお金があれば新しく買えます。そのため、少しずつ貯めたお金に（掛け金）、一部を国（税金）が補助し、家畜の死傷に遭った農家さんに損失分をお渡しする制度があります。これをノーサイ（農済）という組織が運営します。正しくはＮＯＳＡＩとアルファベット５文字で書くべきですが、本書ではノーサイとさせていただきます。

家畜を対象にした保険制度は家畜共済といい、保険対象はウシ、ウマおよびブタで、とりわけウシでは幼若な個体も含まれます。鳥インフルエンザの影響でニワトリを対象にした官民の補償制度もできつつあるものの、ニワトリやウズラなどの家きんは一羽一羽を治療対象としません。大きな動物を診療することから、かつてのノーサイ獣医さんは男性ばかりでしたが、競走馬の場合と同様、女性の数も徐々に多くなり、みなさん、いきいきと働いています。家畜診療の背景には、先ほど述べた日本の畜産業にはさまざまな問題があり、彼らノーサイ獣医さんはその末端に位置してはいますが、現場で働く姿はじつにかっこいいですね。

〈濃厚飼料は蹄にも影響を〉 僕も一時期、彼らのかっこよさにひかれ、大学4年次の夏休み、豊富《とよとみ》という場所の家畜診療所で実習をしました。なお、1980年代当時はノーサイではなく、農業共済組合（キョーサイ）と呼ばれ、この組合と獣医大とは協定を結び、診療実習をさかんにアピールし、共済組合からも予算が組まれ、実習生の滞在費用に使われていました。青田刈りというわけではないのでしょうが、やはり多くの新卒獣医師がほしかったのだと思います。学生のほうも、こういった実習はまったくの任意で、卒業要件とは無関係ですが、当時、1割以上の獣医大生が参加していたと思います。

僕の実習ですが、患畜のほぼすべてが雌乳牛で、しかもその疾病のほとんどすべてが蹄葉炎（前述）などの蹄病でした。獣医さんたちは、毎日、傷ついた蹄をさかんに削り、消毒液に漬けて治療していました。季節柄、放牧をしていましたので、診療車から利尻富士を眺めながら「久々に外で歩きまわって、蹄がいたんだのだろうな」などとぼんやりと思いました。豊富は北海道本島最北部・宗谷岬に近いサロベツ原野にある町なので、海まで遮るものはありません。絶景です。でも、待てよ、ウシはそういった場所を歩きまわるために適応した動物ですから、僕の思い違いです。蹄葉炎は前節のウマで紹介しましたが、ウシの場合、まず、濃厚飼料の過剰摂取により、腸内細菌叢が変化し、悪玉菌が増え、その毒素が血流に乗って全身にまわります。そして、蹄にも集まり、悪影響を与えたとされます。

〈略農家さんは急減しても〉その実習で僕をお世話してくださったのは、当時、30歳になったばかりの男性獣医さんでした。学生の相手は若手の役目らしく、退屈をしないように温泉に連れていってくれたり、診療車から観光にきた若い女性に声をかけたり（お子さんが生まれたばかりなのに……）、いろいろ気を使っていただきました。別れ際、何度も〈豊富で待っているよ〉といわれましたが、結局、別の道を進みました。しばらく、豊富という地名をきくたび、なんとなく後ろめたい気になっていました。

ただ、ノーサイとなり組織改編（統廃合）され、僕が学んだ同町家畜診療所はなくなってしまったようです。その背景に北海道の酪農家数（戸数）の急減があります。ここ三十数年間で１万５０００であった戸数は５８００と半分以下、これもどんどん減っており、４５００になるのも間近という見方もされます。しかし、乳牛総数（約80万頭）はほぼ同じかやや上昇しています。これは一戸の酪農家の大規模・

集約化が進行したのが理由です。そうなると、以前の経験と勘をもとに経営された個人経営とは異なり、大規模近代酪農家は高能力の家畜、その疾病、飼育環境、世界経済などの最新情報を体系的に収集し、その学びを経営に応用しつつ、ときに試行錯誤を繰り返し、技術展開をしないとなりません。

このように畜産業は知性の集大成です。2024年4月、某県知事が新入職員を前に知性がいらない仕事としてウシの世話を例示されていました。マスコミはこれを職の差別として問題視しました。もし、知っていてあの発言をしたら、確信的な職業差別です。しかし、その知事はただの無知だったのです。そして、これは畜産の現状をその知事含め多くの国民に知ってもらうことを疎《おろそ》かにした僕らの責任です。この本はその一環としても書きました。これを機に畜産業の現状に関心を持っていただければと願います。

それと、獣医さんです。家畜の餌を含む食料（食糧）自給や農業の構造などの巨大な諸問題をその末端に位置する家畜の主治医が、すぐに解決する能力も余力もありません。しかし、いつまでも沈黙のままではないでしょう。リアルな現場で数々遭遇した理知的な彼らが、未来永劫、見なかったことにするほど、おめでたいとは思えませんから。

あわてて補足します。この文の〈彼ら〉には、〈はじめに〉と前節末で述べたように、女性が増えておりますので、〈彼女ら〉も併記すべきでした。この家畜の女性獣医さんのモデルケースが映画『夢は牛のお医者さん』です。同名絵本も刊行されていますので、お読みになった方もいらっしゃるでしょう。ただ獣医さんを社会に送り出す立場としては、気になることがあります。最近、共感疲労やワンウェルフェアということが知られています。動物の苦痛や安楽死などで、動物の立場に寄り添いすぎ、獣医さん自身が燃え尽きてしまうことです。この傾向は女性（とくに臨床）の方で高いようです。今後はそういった面の現状把握とサポートが必要になるかもしれません。

乳牛　頭数が増えたからって、搾乳《さくにゅう》前の乳房《にゅうぼう》はやさしく拭いてね。

第3節　家畜・展示動物の病気では予防が要 ——家保の獣医さんはホワイトヒーロー

〈個より群の健康をまもるほうがお得〉　前章含めここまで、動物一頭一頭の健康をまもる個体診療の獣医さんの話でした。とくに、家畜のような大きな動物を治療するのは、ある意味、典型的な獣医さん、獣医療の花形です。ですが、個体診療は予防に比してコスパ・タイパが悪い面が指摘されています。感染症や中毒のように大量の動物が死ぬ前に、ひとかたまりになっている状態（群）の動物を、一気に事故・病気にならないようにすれば、より効果的なのは明らかです。お金・労力、時間いずれも節約でき、健康な個体を安楽殺する数も減らせ、苦しむ農家も減ります。その結果、安定的な家畜生産の維持が可能となり、食料安全保障面に直結しますので、国民にとっても救いです。

このように予防は責任重大で、獣医さんの個人レベルの職務ではなく、警察、消防、国防などのように公が責任を持ちます。すなわち、国や地方自治体の獣医さんがいます（公務員）。いつのまにか、家畜の話に横滑りしましたが、ペットの繁殖・改良をするブリーダーや災害に遭ったペットの避難所にも、ひとかたまり状態の動物がいます。でも、そちらは次章で話します。

〈検疫と防疫〉 予防には病気への抵抗性品種の作出もありますが、これは畜産学分野の話です。コロナ禍でお馴染みになったワクチンも、家畜感染症の予防でも要ですが、この研究開発自体は次章で話します。

まず、家畜の群予防は、行政的に以下2つに分けられます。

①動物検疫　国外から動物といっしょに入ってくる病原体を水際で防ぐ

②家畜防疫　国内に入ってしまった病原体がこれ以上広まるのを防ぐ

検疫にはヒトと植物にも同じような仕組みがありますが、以下ではヒトを除く動物検疫の話をします。だからといって、ヒトの検疫も動物と無関係ではなく、たとえば、検疫に携わる厚生労働省獣医系技官には貨物船や飛行機のなかで、ヒトへ病原体を媒介するおそれのある昆虫（カ）やネズミなどを捕獲調査する方もいます。また、植物検疫官は日本の作物に悪影響を与える昆虫の検査をしたり、ペット用に輸出されためずらしい昆虫の輸入適否など調べたりします。そのような場で、昆虫好きで獣医さんの資格を持った方が働いているかもしれませんね。

重種馬
（食用馬としてカナダから日本に運ばれ、動物検疫を待ちながら）**なんだか蒸し暑くて、騒がしいところだわねえ。**

〈動物検疫所と水族医学〉　日本のおもだった港や空港には動物検疫所があり、獣医さんがそちらで検疫実務をしています。これまでに述べてきた家畜・ペットのほか、実験動物用サル類、動物園動物、エキゾなどの生体のほか、それらの製品であるハム・ソーセージなどや肉なども調べます。さらに、家畜の餌であるワラや乾草も検査します。

動物生体ではミツバチや魚介類も対象にします。獣医学教育には魚病学という科目があり、そのなかで水産資源に深刻な悪影響を与える疾病を学びます。現在では、海鳥や鯨類を含む多様な水生動物の獣医学・獣医療学として日本野生動物医学会認定水族医学専門医も誕生し、水族館の獣医さんとして働いています。動物検疫では重要な水産資源に深刻な影響を与える病原体について、魚類のみならずイカや貝類などの軟体動物、エビやカニなどの甲殻類まで対象にしています。

魚類検疫の参考事例として、僕は動物検疫所の獣医さんとフグの鱗による種の簡易的鑑別法の確立に関わったことがあります。フグには猛毒の種がいますから、検疫時にその種をいちはやく見極めないとならず、その基盤研究でした。したがって、検疫実務では病態・予防のみならず、基礎獣医学も関わるのです。

〈白き英雄、見えない敵と戦う〉 家畜防疫は、各地方自治体にある家畜保健衛生所の獣医さんたち（家畜防疫員）が担います。前章で触れたように家畜にはミツバチやニワトリも含みますが、家畜保健衛生所は、いや長いので家保〈カホ〉としますが、家畜疾病の予防分野ではもっとも数多くの獣医さんを擁しています。この分野では国の動物衛生研究所（旧・農林水産省家畜衛生試験場）や各自治体の畜産試験場の獣医さんも関わりますが、こちらは〈参考文献〉でお示しした書籍をご参照ください。

はなから恐縮ですが、家畜防疫は、表面上、臨床のような派手さがなく、獣医大生には地味に見えるのか、この分野の志望者が伸び悩み、大きな都市部以外、多くの道県や市町では欠員が生じています。でも、実際は、ノーサイ家畜診療所が不在の離島やへき地などでは臨床の仕事もするので誤解です。このあたりのアピールをしてほしいものですが、欠員問題はいったん脇に置き、次の短歌を味わってみましょう。

六百頭の

牛を殺《あや》めた
親指の
仄《ほの》かな怠《だる》さ
一日を終える

『科学をうたう』（松村由利子［２０２３年］春秋社）という歌集に掲載された雅号《がごう》〈白井健康〉が詠んだものです。これは口蹄疫《こうていえき》防疫の際、ウシの安楽殺のために派遣されたときに詠まれました。雅号のように白の防護服に身を包み、口蹄疫と戦った家保の獣医さんだったと思います。ときどき、高病原性鳥インフルエンザや豚熱などのニュース報道で目にする多数の白い姿は、ほとんどこのような家保の獣医さんと、それを支援する畜産関係者のみなさんです。なお、雅号〈健康〉の読みは〈たつやす〉ですが、家畜の〈健康〉をまもり、人々の〈健康〉をまもる矜持《きょうじ》が示されます。そして、この方の作品は現代版〈防人《さきもり》の歌〉のようだとも感じますが、いかがでしょう。

ところで、お題となった口蹄疫ですが、さぞかしこわい病気と思われるでしょう。確かに幼獣にかかると致死率50％を超えますが、成獣では数％です。名前のように口と蹄《ひづめ》に水ぶくれ（水泡《すいほう》）ができる病気です。ちょうど、みなさんが子どものころになった手足口病と同じ感じです。水ぶくれがつぶれると痛いですね。そうするとウシは餌を食べなくなりますので、乳肉の質と量が低下します。そうなると農家さんに与える被害が深刻です。ですので、農家さんをまもるため、法律（家畜伝染病予防）により動物検疫所できびしく検査されます（前述）。それでも、病原ウイルスの伝染力がきわめて強いため、日本侵入は完全に防げず、ノーサイ獣医さんが診療現場で特徴的な病変を発見、家保に通報され、防疫対策が発動されます。

そのひとつが、先ほどのように安楽殺をして、病原体のウイルスがそれ以上広がらないようにすることです。今の安定し、かつ良質な乳肉供給は家保の獣医さんの働きによる賜物《たまもの》だし、彼ら・彼女らはまちがいなく、白きヒーロー、ヒロインです。

乳牛

（安楽殺され続けている牛舎で最後のウシ）あれだけにぎやかだったのに、どうしたのかしら……。

〈口蹄疫は肉食獣のお腹を満たす手助け〉検疫・防疫ともたいへんなコストがかかるので、世界には口蹄疫があっても仕方がないことにする緩い国もあります。いや、日本のように口蹄疫清浄国であるほうが少ないのですが、この緩さは考え方の違いで、良い悪いではありません。繰り返しますが、ただ違うだけです。ではありますが、和牛肉を輸出するために日本は清浄国でないとダメです。

そういった緩い国からのウシほか偶蹄類の生体とその肉・製品の持ち込みは絶対禁止をしていますが、入国者にはこっそり持ってくる事例が多く、先ほど述べた動物検疫の獣医さんが港や空港で目を光らせています。しかし、ヒトの能力には限界があるのでバディー、すなわち農林水産省動植物検疫探知犬が活躍します。僕はいわゆる犬派／猫派という質問に後者と答えます。イヌは好き嫌いを超越した敬意の対象であり、かわいいだけのネコとまったく違います。まさに検疫の要《かなめ》であるイヌを見ると、その念が深まります。

ところで、口蹄疫ウィルスは偶蹄類全般に感染しやすいので、キリンやシカなど野生動物も口蹄疫になるのかなと思われたでしょう。ええ、そういった多くの動物たち（個体群）にも病原ウィルスが感染（保有）しているし、なかには発症した個体もいるでしょう。口が痛くて餌を食べにくくなれば弱っていくだろうし、蹄に病変ができればライオンやトラなど肉食獣から逃げきれません。真っ先に、獲物になるでしょう。そのようにして、適度に間引かれ、その個体群は優良な遺伝子が残り適応進化したはずです。すなわち、口蹄疫ウィルスはアジアの森やアフリカの草原で、健全な生態系を保つ役目を果たしています。ただし、家畜の農家さんにとってやっかい者以外のなにものでもありませんが……。

インパラ（アフリカのサバンナで口蹄疫の症状を呈し）**脚が痛くて走れない……。走る獲物しか襲わないチーターはともかく、リカオンは……。**

〈豚熱、イノシシ不在の北海道でも？〉ところで、偶蹄類家畜といえば数的にブタです。日本には合計約930万頭と、乳肉を合わせたウシの倍以上が飼育されています。また、飼育地域は北海道よりも鹿児島県あるいは宮崎県の飼育数が多く、北海道外の家畜防疫の獣医さんはたいへんな思いをされています。なぜなら、そちらではイノシシが生息するので、豚熱（旧豚コレラ）の病原ウイルスを媒介するため、自然界からの感染に備えないとならないからです。

この本をお読みの方には、登山やキャンプ、釣りなどアウトドア活動が好きな方もいらっしゃると思います。ウイルスは土のなかにもありますので、靴についた土はできるだけそこで落とし、広げないようにご協力願います。なお、ウイルスは生物の時間に習ったように、生物ではないので〈生息する〉ではなく〈ある〉です。また、イノシシの生息域をむやみに広げないよう、餌となるものを山中に廃棄はダメ。もちろん、むやみに豚舎などに近づくのはいけません。

豚熱はその名のとおり高熱を発し、かつ高い致死性を示すので、イノシシが死ぬ場合もあります。したがって、死体を見つけた場合は、最寄りの自治体に通報しましょう。当然、触ってはいけません。なかには、そういった死体から頭骨標本をつくったり、解剖をしたりする熱心な方もいらっしゃるかもしれません。豚熱ウイルスはヒトには感染しませんが、家畜衛生面ではとても危険です。いうまでもなく、イノシシが保有する病原体は豚熱ウイルスだけではありません。ほかのウイルスや細菌・寄生虫もたくさんいます。向学心は理解できますが、感染症の知識・技術、専用施設などがなければ避けましょう。

ところで、イノシシがいない北海道では安心かというと、道内の家畜防疫の獣医さんたちも戦々恐々としています。北海道の空の玄関、新千歳空港には警戒のポスターが掲示され、臨戦態勢です。僕も道外からの旅客がはく靴の汚れに、目がいくようになりました。なお、その空港には名前が似た別の感染症アフリカ豚熱のポスターもありますが、２０２４年9月現在、北海道含め日本での発生は未報告です。

イノシシ
（本州の山中、豚熱で苦しみつつ）寒気がする、目がかすむ……。何度もハンターや猟犬から逃れたが、まさか、こんなところで倒れるなんて……。せめて、いつものヌタ場にだけはたどりつきたいものだが……。

〈家畜衛生とその学問、そしてワンヘルスへつなぐ〉家保の獣医さんがよって立つ中心的な分野を家畜衛生学といいます。今日では、従来の家畜に加え、ラクダやその仲間のアルパカ、水牛、さまざまな毛皮獣、ダチョウ・エミューなどの走鳥類やアイガモ・キジなど特用家畜・家きんも家保の獣医さんが対応します。さらに、地域によっては、園館ほか特殊な場所で飼育される動物も対象にします。〈特殊〉な動物とは、ふれあい施設、映像撮影、サーカスなどの子たちです。ですので、従来の家畜という守備範囲では収まりきらず、前世紀末あたりから家畜衛生学、獣医衛生学、そして動物衛生学へとめまぐるしく改称されてきました。

加えて、豚熱のイノシシで見たように、畜舎内外や放牧時に家畜と野生動物が近接することも悩ましい問題です。このような悩ましい動物にはハエやカなども含み、衛生動物と称され、対策面の研究も動物衛生学の課題です。

注目すべきことは、広範な動物を対象にした動物衛生学はワンヘルスを具体的に実践する分野ともみなされ、その専門家である家保の獣医さんたちが、牽引をする動きがあります。たとえば、福岡県と徳島県では地方自治体の法律である条例で、ワンヘルスに関する事項を掲げ（ワンヘルス条例）、とくに、前者ではこれにもとづく県立の動物保健衛生所の整備を予定しており、注目されています（2024年9月現在）。その運営の実務を担う獣医さんたちに僕の運営した野生動物医学専用施設で学んでいただいたこともあり、その始動をわがことのように心待ちにしています。この本をお読みのみなさんが獣医さんとなる非常に近い将来、国内各地にできるであろうワンヘルスの職場が誕生することになるのでしょう。ところで、その先駆的な事例が、〈なぜ、福岡県で?〉と思われた方は『熟慮断行　ワンヘルスの推進と期待』（藏内勇夫［2023年］文永堂出版）をご参考に。

ダチョウ

（家保の獣医さんに頭に袋をかぶせられて保定された雄）まわりが見えなくなると動けなくなるって、なんで、こいつ知ってんだ！　普通なら蹴りをお見舞いしてやるのに……。

第3章

ヒトの健康を支え、ペットのいじめを防ぐ

第1節　家畜がいなければ……

〈殺さないで食肉を得る方法〉前章で家畜の個体診療／群管理に関わる獣医さんの話をしました。この章はヒトの衣食住、すなわち健全な暮らしに関わる獣医さんの話です。このなかには健全な暮らしの伴侶であるイヌ・ネコの健全性も含まれます。どれもこれも大事ですが、まず、食から始めましょうか。当然、この食とは家畜から得る食肉です。

あまり考えたくはないでしょうが、食肉を得ることは動物の生命を奪うことが前提です。みなさんにとって生を奪う、つまり殺す行為は〈不快、可能ならば避けたい〉が大半でしょう。それでは、試しに殺さない方法で、肉を得る方法を考えましょうか。たとえば、大豆やキノコを原料にした代替肉《だいたい》（肉もどき）の品質が爆発的に向上しました。また、細胞工学技術による筋細胞を培養した肉の価格も安価になれば、リアルなほんとうの肉が得られます。さらに、２０１０年代に日本の研究者が下水の汚泥を構成する細菌から人工肉を作製したこともありましたね。

〈でも、昆虫や植物は殺します〉もちろん、原料となる細菌や植物・キノコなどの生物は殺されます。ミミズやコオロギを大量に繁殖させ食材とする方法もありますが、さすがに、そのままではハードルが高いので、ミンチにして家畜肉のように成形します。が、これら無脊椎動物も同じく殺されます。

そういった生きものは使わず、最初から化学物質で肉の食味・食感を有したモノを合成するのはどうでしょう。精巧な３Ｄプリンターならやってのけるでしょう。こういったプリンターは液体にも応用可なので、実際、〈コピー牛乳〉も検討中とのこと。今後、人工食資源が普通となれば、家畜は消え、そうなれば殺す必要もなくなります。このように、もし、みなさんが殺さないことを人生の目標とするなら、新たな食資源を産み出す技術を開発、実用化をするのが早いです。

そのためにも、関連しそうな分野の大学に進学することになります。今では大学院を含め社会人／シニア入学制度も普通なので、本書をお読みの大人のみなさんも参考にしてはいかがでしょう。ヒトの寿命が延び、学べる期間も延長されましたからぜひ検討してみてください。

ウシの横紋筋細胞

（シャーレの上で培養され）ちょっと待ってくれ！　オレら細胞も、生きている。細胞は殺されちゃっても、いいのか。もし、命を奪うこと自体、反対なら、その境界はどこらあたりなんだ。そもそも、お前たちの考える命ってなに？　もっとも、植物や下等動物が殺されてもいいのなら、オレら細胞なんてただの袋なので、殺されても仕方がないか……。

〈すでにお金持ちのあなたへ〉もし、あなたが資産家なら、そのような研究に着手した個人やベンチャー企業に投資し、競争力のある商品に育成してください。ひょっとしたら新たなビジネスチャンスになり、さらにお金持ちになってしまうかもです。このあたりの仕組みは、高校でも金融や投資などの授業で初歩を学びますよね。もちろん、人工食資源を避ける頑固な人たちもいます。

「食は、歴史文化に帰す神聖なモノ。お前の製品はダメだ!」

という石頭には、社会・心理・宗教・地域観光などから教育しないとダメ。ならば、そのようなことがたくみなエデュケーターも登用しましょう。加えて、新製品を長期間食べても健康に問題はなく、むしろプラスという医学的エビデンス(科学的証拠)も必要ですから、そのための研究も継続します。

当然ながら、啓蒙・啓発や研究などの活動を継続するためには、社会全般の支援が必須で、これを円滑に動かすための政策が必須です。そのため、為政者に働きかけるために、たくみな交渉術が不可欠、グローバル化した現状では英語能力も必須ですし……。

〈油断すると〈殺す〉へ回帰〉 さて、あなたの新製品が注目され始めました。ところが、後から参入してきたライバル会社が似たような製品を売り出しています。あなたは特許申請をしていなかったから当然です。あなたの目的(社是)は動物を殺さないことなのですから、むしろ、同じ方法が広まれば本望なのです。

でも、ジェネリック医薬品と同じように、研究開発費を投資していない製品のほうが絶対的に安いので、相対的に高価なあなたの製品は見向きもされず、倒産。一方、ライバル会社は独り勝ち。でも、売り上げが頭打ちになった途端、新商品をぶちあげます。おそらく、〈これぞ人間が口にすべき〉などと銘打って、それまでに得た潤沢な予算を使って、地球上にわずかに残ったジャングルを切り開き、大量に家畜を飼い〈天然肉〉を売ります。ライバル会社には〈殺さない〉という理念はありません。ただただ金儲けだけ。このままでは確実に〈殺す〉時代に戻ります。そのとき、あなたはただの破産した老人。でも、戦うことを決めました。なぜなら理想は老いませんから。それに、失敗した経験は仕打ちに対する武器となり、あなたの理想に共感する世界中の若い仲間も加わります。

ブタの胎児

（家畜がいなくなって久しい未来、某企業の人工子宮内で凍結保存された受精卵から胎児になって）

母さんの乳頭はどんな味がするのだろう。兄弟姉妹はどんなやつだろう。そもそも、ボクはなんのために生まれるのだろう……。

第2節　安全・安心な食肉をまもる獣医さん

〈二つのエイセイ〉残りの人生を理想に殉ずる覚悟を決めた老人のその後が気になりますが、ご安心ください。ただのへたなサイエンス・フィクションです。どうか、お忘れください。そして、家畜を殺す前提は不変ですから、現実の獣医さんに戻りましょう。

前章で家畜を殺す直前までに関わる家畜／動物衛生の話をしましたが、これから紹介するのは公衆衛生という分野です。同じエイセイでも別です。獣医さんが働く場も、前者は家保、後者はおもに保健所です。まちがい探しのようですが、〈保健衛生所／保健所〉のエイセイ有無です。ときに〈家畜保健所〉と誤記されますので要注意！　さて、ヒトの健康をまもるのは医師のようにヒトに直接触れることが真っ先に思い浮かびます。しかし、ヒトの集団の健康を衛生という切り口でまもる獣医さんがいて、各地方自治体に所属し社会の舞台裏のヒーロー・ヒロインとして活躍しています。

〈出荷という惜別〉各農家さんで乳牛から絞られた乳（生乳）は、毎朝、大きなタンクローリーに集荷され、工場に運ばれ、殺菌・加工され牛乳という製品になります。また、鶏卵は養鶏場内外で洗浄から破損有無の検査・サイズ選別・包装後、流通網に乗ります。これらの過程では、特殊な検査以外、基本的に獣医さんはあまり関わりません。

が、農家さんが肉用に育てた家畜・家きん（ニワトリなど）を出荷すると決まった途端、殺すための獣医療が始まります。生まれて出荷されるまでの期間（体重）は肉牛で約30か月齢（700キロ）なので、何度か獣医さんが診る機会があったでしょう。もちろん、農家さんやその家族にとっても愛着が生じたでしょうね。一方、ブタは180〜190日（110キロ）、肉用ニワトリ（ブロイラー）はたった40〜50日（2〜3キロ）と、とても短期間です。

和牛（黒毛和種）

（家族経営の小規模農家さんが一家で育てた後、出荷されることになり）**ここはどこ？　それに、いつもクロ、クロっていって撫でてくれた**（ヒトの）**子たちはどこかしら……？**

〈食肉にする場の獣医さん〉殺すための獣医療とは、食肉加工の施設内にある食肉衛生検査所の獣医さん（と畜検査員）が行う実務を指します。最期の瞬間とそれ以降の様子は、たとえば、食育のため北九州市立食肉センターが作成されたイラスト付き解説がすばらしいです。それによると、

①生体検査　　搬入時の状態の検査
②気絶　　眉間《みけん》に衝撃を与え気絶
③放血　　首血管切開、血液流出

④前処理　両脚吊るし体表切開
⑤剝皮《はくひ》　切開部から皮巻き取り
⑥内臓摘出《てきしゅつ》　腎臓以外の内臓取り出し
⑦背割り　電気鋸により背骨で両断
⑧洗浄・冷却　表面の洗浄・冷蔵

となります。この流れは〈と畜場法〉という法律で、厳密に行われており、ウシやブタなどの家畜はすべて食肉加工施設で衛生的に処理されます。まず、①で獣医さんが生きた状態の家畜を1頭1頭チェックしていきます（生体検査）。検査では発熱、体表病変、異常行動などの有無を1頭3分間ほどで観察し、問題なしとなれば②以降へ進みます。

②では、ウシに対しては空気銃のような道具で、また、ブタでは高電圧の棒で、それぞれ眉間あたりに衝撃を与え気絶させます。この段階で死んではいませんし、むしろそれが大事です。心臓は動いていますから、血液は体内をめぐっております。そこで③のため、頸部動静脈を切開し、そこから体中の血液を出しきります。血液が残ると食味が低下するからです。とりわけ、②と③は〈殺す〉に直結するので、みなさんにはショッキングですが、可能な限り苦しくないよう動物福祉に準じた形で遂行されます。絶命が確認されたら、獣医さんが④の解体前検査をします。ここでも異常なしとなったら、⑤以降の作業をしやすいように、まず、天井にあるリフトに両脚を巻き付けて吊るし、下の筋肉に傷をつけないように皮膚のみを切り開いていきます。

〈家畜衛生vs公衆衛生の獣医さんたちの真剣勝負〉　いよいよ体のなかがあらわになってきます。⑤は〈はくひ〉と読み、高度な技術が必要です。剝ぎ取られた皮は皮革業者により回収され、野球のボールやランドセルなどに加工されます。けっしてむだにしません。その後、開腹され、またまた獣医さんにより、⑥（解体後検査）で内臓や頭部、筋肉の表断面などの病変の有無を調べます。もし、病変があった場合、その部分のみ部分廃棄、あるいは一頭まるごと捨てられます（全廃棄）。これらは農家さんにとって（大）損害となります。ですから、各農家さんは注意を払って飼育しているし、それを家畜衛生の獣医さんたちがサポートしていましたね（前章）。ですので、ある意味、食肉加工施設は家畜衛生と公衆衛生の獣医さんたちが対決する場でもあります。

この施設での最終産物は、⑦の半身になった状態の枝肉（えだにく）といわれるものです。頭部も内臓もない状態は、あたかも幹がない樹木にたとえられ、それで〈枝〉と呼ばれます。枝肉には腎臓と周囲脂肪組織を残します。これらは、その〈と体（と殺された家畜）〉の栄養状態を示す手がかりですから、お肉屋さんが購入する際の参考にします。なお、腎臓と周囲脂肪組織の状態は、野生哺乳類の栄養状態を知るうえでも重要な証拠です。くわしくは次章でもお話しします。

〈心から、いただきましょう！〉　僕自身、こういったことをつまびらかにすることに、とてもためらいがありました。しかし、獣医さんのことを知っていただくには、絶対に避けられません。たとえば、SNSでは、殺す瞬間だけの画像を切り取り、独自の主張を展開される人たちがいらっしゃいます。その適否はともかく、みなさんは、通常、表に出ない情報も含めすべてを知ったうえで判断してほしいと思います。

一方、お肉を食べるのは好きでも、食肉加工のことは知らないで（知ろうとしないで）一生を全うされる方のほうが絶対多数です。ですので、みなさんは数少ない人々ですし、逃げないで知っていただいた勇気に心から賛辞を送ります。お友だちに知らせていただき、毎回の食事では（命を）いただきますと心から感謝するようにお伝えください。口に出す必要はありません。このような形を経て食卓に並んだ食材です。むだにするのは論外。捨てるなんて全力で避けたいです。

〈ジビエブームですが……〉 命をむだにしないという意味では野生動物も同じだと思います。イノシシやシカ、そしてクマ類が増え、農作物被害、交通事故、ヒトへの直接的攻撃などで大問題となっています。そこで、これら野生動物を減らす、つまり、殺していますが（以上、第4章）、その死体をたんに焼却あるいは埋没、廃棄するのはもったいないし、命への畏敬の観点から食材（ジビエ）に使うことが推奨されています。また、一部動物園では〈と体給餌〉として、ライオンやトラなどに与えられています。ジビエは過疎に悩む自治体で特産品という付加価値も生じ、活況を呈している地域もありますが、ヒトの口に入るモノなので、感染症や中毒などの健康被害が心配という声があります（こちらも第4章で）。ですから、食品衛生法という法律で、審査を経て食肉処理業としての営業許可が必要とされます。そのために、清潔なジビエ専用の食肉加工施設を備えないといけません。

ですが、野生動物はウシ・ブタなどの家畜の食肉加工の施設には、絶対、搬入されません。また、汚染防止のため店頭でも家畜と野生動物の肉が並んで販売されることも厳禁です。念には念を入れ、ジビエ処理施設で獣医さんが検査していることもあります。日本ではイノシシやシカの肉を食べE型肝炎ウイルス感染症などが、また、まれにクマ肉喫食《きっしょく》による施毛虫症《せんもうちゅう》（ムシによる病気のひとつ）の致死例もありました。が、ごく一部であり、現在、普通に市販される大半のジビエが大きな疾病原因となる可能性は低いとみなされます。もし、心配ならみなさんが感染症・寄生虫症の知識を身につけ、ご自身の健康は自分でまもりましょう。

若いトラ

（シカのと体が給餌されて）前は週に一度、オレがお客の前でかぶりつくのを見せるためだったのが、今はほぼ毎日。皮がついていない馬肉より噛み応えがあるけど、年を取った（トラの）先輩は、少し、つらそう……。

〈自死するほど悩む〉野生動物の肉は法律で管理されていませんので、最終的にはあくまでも自己責任です。一方、終始一貫、法的に厳しく管理される家畜の食肉で問題が起きた場合、獣医さんへの責任追及は不可避です。ですので、現場の獣医さんは、みなさんが想像される以上に、日々、重責を感じています。家畜は哺乳類ですので、ヒトに容易に感染する病原体も多く、その検査をする獣医さんのストレスは甚大で、ときには、命と引き換えにするほどです。

これは比喩ではなく、実際にそれを選択した悲劇がありました。食肉加工施設に到着した家畜は食肉衛生検査所で①生体検査をすると申しました。今世紀になってすぐでしたが、ある施設に入ったウシが牛海綿状脳症（かつての狂牛病）にかかっていました。これを①のとき、見逃したことで悩まれ、自死（自殺）した獣医さんがいました。ですが、症状だけで、この病気を診断するのは、当時も今も不可能です。僕はこの方に会ったことはありませんが、この不幸なできごとは、心のなかで獣医師としての自分を目覚めさせました。もし、このことがなければ、ただのムシヲタで人生を終えましたし、こういった本など、絶対、書いていません。でも、自死は、絶対、ダメです。

第3節　ほかの食と関わる獣医さん

〈愛すべき〈公衆〉〉つらすぎるので話題を変えましょう。いきなりですが、公衆電話を使ったことはありますか？　災害時にスマホが使えなくなった場合、非常に便利なツールなので、一度は使ってみましょう。それと、公衆浴場に行ったことは？　僕は宿を使わず旅に出ることが多いので、お風呂屋さんはとてもありがたいです。

でも、両方とも街からどんどん姿を消し、〈公衆〉の語感もなんとなく古くさいですね。これは一般的な常識を持ち合わせた人々を指す語です。この常識とは公衆電話には10円硬貨を投入すること（100円玉も可能ですが、おつりが返ってくるのかどうか不安）、公衆浴場の湯船には手拭いをつけないこと（外国からの方に、きちんと教えてあげましょう）程度のことです。

このような愛すべき公衆が、尊厳ある健康的な生活をするために適切な衣食住に必要です。そして、公衆衛生分野の獣医さんは、まさに、この衣食住すべてに関わっています。〈食〉に関しては、先ほどお話しした食肉加工施設の獣医さんがいましたね。その他の〈食〉に関しても、飲食店や喫茶店などの食品衛生管理を獣医さんが行い、食中毒が起きないようにがんばっています。

ドブネズミ

（長年住みついた銭湯が、閉店する前夜。同じ場所に住みついていたクマネズミに向かって）**ここもいよいよお別れか……。ボイラーもだんだん冷たくなっているよ。これから冬になるのに……。**（天井に向かって）**おまえはいいよ。クマネズミが入りやすい、中古ビルがたくさんあるからな。このあたりには、昭和感漂う居酒屋がたくさんあったが、この風呂屋のように消えつつあるから移住先が見つからないよ……。**

〈あっ、それ、いてもいい異物です〉もし、食べもののなかから見たことがない怪しげなモノが出てきたらどうしますか。食品異物というやつです。おそらく、最寄りの保健所に通報（クレーム）するでしょう。そこには、医師の資格を持った所長さんと、薬剤師、保健師、看護師などのほか、獣医さんも働いています。たとえば、年末年始に帰省する子どもたちのために用意したケガニ。その腹部に針金状のモノがしがみついていました。せっかくの高価なご馳走が台なしです。正月明けを待って、保健所へ電話を入れます。動物絡みですし、自動的に獣医さんが対応します。

「あんなものを売りつける店を、なぜ、野放しにするんだ！」

と怒鳴られた獣医さんは、静かに、しかし、落ち着いて、

「あっ、それ、たぶん、ケガニに共生するハリガネムシ類です（寄生とする見解もあり）。バッタかカ

マドウマから出てくる糸のようなムシの仲間です。なので、ヒトへの健康被害はありませんよ。そんなので気にするなら、エチゼンガニ（ズワイガニ）もダメですか？　あの甲羅に付着する黒いブツブツ、全部ヒルの卵ですよ。あれは許して、こっちはダメってなにかおかしくありませんか。カニも野生動物。こういった生きものの住処《すみか》になっても不思議じゃないでしょ？」

などと諭します。魚病学の知識もある獣医さんなので、こういった説明はじょうずです。

〈なかにはやっかい者もいますが……〉

海産物にはさまざまな寄生性（共生性）の動物がいますので、だれの得にもならないクレーマーとなる前に、このような奇妙な動物を落ち着いて観察しましょう。

北海道では、なんといっても相談事例が多いのがホッキガイ（ウバガイ）という大きな二枚貝のなかにいるヒモビルです。体長1・5センチほどのひらたな一反木綿《いったんもめん》（『ゲゲゲの鬼太郎』に登場する妖怪）のような生きものがほぼいます。サンマ体内には数ミリ長のオレンジ色のムシがいます。これは鉤頭虫というムシです。これに比べたら寄生率は低いですが、体表にはサンマヒジキムシという甲殻類も寄生します。この仲間がタイロ腔内のタイノエで、熱狂的ファンがいます（寄生性甲殻類はこのように多様ですので、もし、僕が次に生まれるのなら、それらの形を思う存分楽しみたいですね）。

なんだか牧歌的ですが、アニサキスというクジラ類のカイチュウ幼虫はいささかやっかいです。これは海産魚（サバやホッケなど）やイカの体内に普通にいますので、まずは実物を見てみましょう。冷凍でも、切り身でもない鮮魚を買い、お腹を開きます。直径5ミリくらいのO（オー）字状のモノが内臓表面にいたら、それです。水を張ったお椀に入れたら元気に動きます。それを飲み込んだら、アニサキス症（アニサキス中毒）という病気になりますから、試さないように。

ヒトに飲み込まれたその幼虫は、胃のなかでパニックを起こし、思わず胃粘膜に頭を突っ込みます。刺さっただけでは痛みは少なく、その粘膜でのアレルギー反応で痛みが発生します。魚好きの日本人のほぼすべては、このようなアニサキスの襲来を何度も受けているので、アレルギーが起きても不思議ではありませんね。食品衛生に関わる獣医さんは自然界のさまざまなモノゴトに関する知識が豊富なので、以上のようにやさしく教えてくれるはずです。

アニサキス幼虫

（やや鮮度が落ちたイカ刺身にいるアニサキス幼虫。同じような色をしているのでよく見えないのか、ほろ酔いの客が、今まさに口に運ぼうとして）あれあれ、見えませんか、ボクの姿。ヘビのようにとぐろを巻いていますよ。そうやってワサビやショウガをたっぷりつけても死にませんから。通ぶっても、数時間後、病院の診察台で悶絶するんですけど。でもね、ボクらだって被害者なんです。ほんとうはクジラに飲み込んでもらえれば、めでたしめでたしだったのに……。陸《おか》の上で、中途半端に死ぬだけなんて、ボク、つらすぎる……。

第４節　衣と住、ほか健康な暮らしに関わる獣医さん

〈獣医さん、衣と住もまもる〉　衣食住の〈衣〉ではクリーニング店や理容・美容店、また、〈住〉では前述の公衆浴場やホテル旅館などで使う水の細菌検査などが実施されます。これらは〈生活衛生関係営業に関する法律〉を根拠に行う業務で、やはり公衆衛生分野の獣医さんが対応します。さまざまな感染症の病原体の知識と検出技術を持つ獣医さんは、こういった分野でも重宝されます。また、そのような店舗にはカ（蚊）、ハエ、ゴキブリなど病原体を運ぶ危険性のあるものや、ハチ、ヘビ、アライグマなど危険な動物が出没する施設もあります。そういった動物をまとめて衛生動物といいましたね（前述）。

それにしても、家畜の健康をまもる動物衛生と衛生動物、混乱しそうですね。後のほうはエイセイが形容詞として前置され、ヒトや家畜などの健康に被害を与える困った動物たちです。なかにはまったく健康被害を与えないのに、姿形がダメ！　とされた不快動物というのも入ります。代表的なのがゲジ（俗称ゲジゲジ）です。見つけ次第、容赦なくスリッパでたたきつぶされる現状に、どうしようもなく悲しい気分になります。

通常、このような家屋内に侵入する衛生動物の駆除は、ペストコントロール、縮めて〈ペスコン〉の専門家が対応をします。つい先日（２０２４年４月）も米国大リーグで大谷翔平選手の試合時、繁殖中のハチの大群が球場に入り、試合が一時中断されました。急遽、ペスコン専門家が呼ばれ、ハチを１匹

も殺さず、みごとに移動させた話は有名です。その担当者が称えられ、再開したゲームでは、その始球式を務めました。一見地味なペスコンですが、この業界が輝いた歴史的瞬間でした。

ハチ含め頻繁に出没する衛生動物ならまだしも、〈そんな動物、うちじゃ無理！〉と業者も見放すような種類が現れたら、動物の専門家である獣医さんに期待が注がれます。そして、このような場合、公に奉仕する公衆衛生分野の獣医さんの登場です。最近では、脱走したボールパイソンやコーンスネークなどエキゾ界で高人気の飼育爬虫類に関する突発的な依頼も多いとか。エキゾのオーナーさん、忙しい彼ら・彼女らに余計な仕事をさせないようきちんと管理をしましょう。

ボアコンストリクター

（マンションの天井裏に潜みながら）**このごろの獣医さんも爬虫類に強いのか、逃げてもすぐに捕まって、連れ戻されるからつまらないねえ。次はどうやってひまをつぶそうか……。**

〈衛生動物の代表、ネズミ〉こういった新手の衛生動物も増えつつありますが、やはり、定番はネズミです。とくに、ハツカネズミ、クマネズミおよびドブネズミの家ネズミ（住家性ネズミ）は今でもやっかいです。これらは約1万年前から江戸・明治時代にかけ、日本人の祖先あるいは物資などといっしょに入ってきて、住みついた外来種です。たとえば、日本史で習った弥生時代の高床式倉庫。柱にあったネズミ返しは、ハツカネズミへの工夫でした。体サイズの小さいハツカネズミなら効果的でも、奈良・平安時代以降に入ってきたクマネズミではどうだったか……。

家ネズミは病原体も運び、かつ電線を齧るなど絶対的な悪で排除一択です。その作業では鼠捕り器は必須です。もし、カゴ型で捕獲したら生きているので、殺す必要があります。公的にカゴのまま水没させる方法が推奨されますが、自分でやるのはつらいですね。一方、粘着剤が塗られたタイプや昔ながらのパチンコタイプの〈殺す〉鼠捕り器では、死後、すぐにノミやダニが離れ、あるいは見回りを忘れたら死体が腐るので、別の意味でいやですね。それに、粘着剤のタイプでは野鳥やヤモリなどが誤って捕獲されるので、設置では慎重に。もし、生きていたらサラダ油や小麦粉を使って救助しましょう！

お金をかけていいのなら、前述のペスコン業者に依頼すればより完全に捕獲し、しかも殺処分と死体廃棄もその業者が行います。殺鼠剤《さっそざい》散布という手段もあります。この薬物はクマリンといって血液が固まらない効果があります。そのために、体中の毛細血管が破れ（内出血）、最初に症状が強く現れるのが網膜《もうまく》です。そうなると目が見えなくなります。あわてたネズミは明るいところに出ようとして、家の外で息絶えてくれます。じつにたくみな方法です。でも、賢くなった最近の家ネズミでは警戒するようです。また、離島では家ネズミが繁殖し、海鳥の繁殖に悪影響を与えている場所で毒餌を使用しますが、誤って野生動物を殺すことがあり、問題視されています。

ドブネズミ

（居酒屋厨房にて）あれっ、急に目が見えなくなったぞ！　あっちの明かりがかすかに見えるほうに進もうか。でも、待てよ、ひと月前、ここでカゴに入れられ溺れ死んだやつの声が聞こえたような気がしたが……。せっかく、つぶれた銭湯から逃げて、終《つい》の住処にしようと思った矢先にこれかよ……。

〈森の妖精、ヒメネズミ〉これ以上〈殺す〉話をむし返してはいけないので、別の話題に移ります。家ネズミに対し、日本人が住む前から、日本列島に生息し、森や草原を住処にしているのが野ネズミです。化石の記録から約200万年前から生息している種もいます。その一種がヒメネズミで、欧州の研究者が学名を〈芸者のような〉と名付けました（今は無効）。ジブリ映画『もののけ姫』に出ていた木霊《こだま》はヒメネズミだと思います（個人的思い）。日本の森の妖精がヒメネズミなら、ユーラシア大陸のタイガではオナガネズミが妖精でした。ヒメネズミのような胴体についた必要以上に長い尾は、俊敏な動きを完全に奪っていました。進化・適応の再考を迫る奇跡の存在でした。

こういった野ネズミはほぼかわいいだけの存在ですが、森に近い建物ではヒトがいても入り込むので困ります。僕が働く獣医大でも事務棟や研究棟に入り込み、ちょっとした騒ぎになったことがありました。ごく一部の野ネズミでは腎症候性出血熱やエキノコックス症などの感染症でも関わるので、公衆衛生の獣医さんは野ネズミについてもくわしいです。

僕は大学院在学中、道内各地の保健所に所属する獣医さんたちといっしょに野外調査をしたことがありました。目的はエキノコックス症の疫学（病気の広がり方を調べる分野）調査で、獣医さんはみなさん、たくみにエゾヤチネズミを捕まえました。〈ヤチ〉とは谷地、すなわち沢地・湿地ですが、そういった場所に限らず広範に生息する野ネズミです。でも、いざ限られた期間で捕まえるとなると技がいります。こういった捕獲調査の雰囲気は礼文島のエキノコックス症対策に着想を得た小説『清浄島』（河﨑秋子［2022年］双葉社）で活写されています。

ヒメネズミ

（屋久島で木陰からシャーマントラップというアルミ製の生け捕り器具を見つけて）**あのカチャカチャしたキラキラの箱は？　それにしても、箱の入口にある、この辺では見かけない種はおいしそう……。**

〈ネズミは国試定番〉ところで、獣医師国家試験は大学入学共通テストなどで使われる五択形式で、たとえば、ネズミの設問は、

「住家性ネズミ類として問題視される種はどれか。次から選べ　①ドブネズミ、②ヒメネズミ、③エ

ゾヤチネズミ、④ハタネズミ、⑤アカネズミ」

のような感じです。この手の問題は2年か3年に一度は出題されます。それだけ衛生動物ネズミの知識は大切なのです。でも、みなさんはもう迷いなく正答①を選べますね。国試は280問しかないので、1問でもむだにできません。

ほかの選択肢にある野ネズミ、気になりませんか？ ③エゾヤチネズミ（前述）と外見がよく似るのが④ハタネズミ。この種は本州・九州・佐渡島、それと能登島に分布する今では希少な日本固有種です。ハタネズミの〈ハタ〉は畠・畑ですが、能登島では水を抜いた水田畔で捕獲しました。その島には⑤アカネズミ（ヒメネズミよりひとまわり半大型）のムシを調べに行ったので、ハタネズミは魚釣りでいう外道（目的外）でした。しかし、後に野ネズミの研究者から新産地と知らされました。そのようなことから、個人的には思い出深い島ですが、2024年1月に大地震が襲いました。一刻も早い復旧を祈ります。


〈ヒトの感染症対策の獣医さん〉 衛生動物にせよ、あるいはそれが運ぶ病原体にせよ、それらがヒトで問題視される新興・再興感染症の原因である場合、その研究には国の感染症研究所や都道府県の衛生研究所に所属する獣医さんが主体的に関わります。こういった感染症を〈人と動物の共通感染症〉といいます。古手の獣医さんは〈人獣共通感染症〉といいますが、ご存じのように鳥類や爬虫類などが原因になる動物もいます。したがって、この本ではより実態を正しく反映した〈人と動物の共通感染症〉を使います（長いのがいやなら英語のズーノーシスもＯＫ）。

なお、厚生労働省的には〈動物由来感染症〉ですが、ヒトの視点からの表記なので、この本では馴染みません。実際、ヨーロッパ各地の動物園ではヒトから展示サル類に結核菌が感染し、ヒトギョウチュウというムシが類人猿に致死的大腸炎を起こしている事実に間近に接すると、ヒトばかり被害者扱いするのは、明らかに偏っています。それはともかく、こういった感染症を問題がないレベルにまで抑え込むには、目前の病原体ばかりではなく、〈はじめに〉でも申しましたヒト・動物・自然生態系を同じ視野でとらえるワンヘルス（ひとつの健康）が基盤となります。

〈医薬品開発の獣医さん〉　今般のコロナ禍でも、野外調査を含めた疫学やワクチンなどの新薬開発で多くの獣医さんの活躍がありました。そのような分野に興味がある方は、獣医学・医学系の感染症関連の研究をする大学院博士課程に進学し、まずひとつの分野をきわめてはいかがでしょうか。社会人専用の入学制度も充実しつつありますし、獣医さんではない農学士、水産学士、理学士などの方にも、そういった大学院は門戸が開いているのが普通です。

先ほど述べたように、ワクチンを含むヒト用医薬品（人体薬）の開発に獣医さんも関わります。最近知己を得たお一人もそうでした。獣医大を卒業してすぐ薬剤会社に入り、まず産業動物・ペットの抗菌剤など動物用医薬品（動物薬）開発に関わり、その後、人体薬の開発、次いで営業の主任となり定年した60代半ば男性獣医さんで、合計約40年薬品畑一筋でした。ですので、そもそも薬剤会社に就職した理

由が気になり、おききしますと、

①製薬は生命維持に直結するので社会的貢献度が高く、景気の影響を受けないこと

②少なくとも動物薬開発ではペット・家畜の両方を対象にできること

③土日が完全休日なこと

④動物薬開発であれば販売先が獣医師なので立場が同等なこと

とのことでした。人生設計を見据えた職業選択モデルですので、ぜひ、参考にしてみてください。

ところで、①の補足をしますが、まず、みなさんがご存じの大手薬剤企業はほぼすべて動物薬も手がけています。しかし、市場規模は人体薬10・6兆円、一方、動物薬は1364億円で約80倍の格差があります（日本獣医師会令和3年度）。ですので、景気の影響を受けない＝安定とするのはやや早計です。飼育動物数は社会的影響で大きく変動します。小規模の動物薬部門はそのような調整弁であるとみなす企業もあるので、利益が得られないとなれば早々に撤退する危険性がありましょう。とくに、いわゆるグローバル企業はあくまでも利潤追求が優先されます（企業理念）。つまり、①の指す社会貢献が人類貢献や動物福祉なら、失望する危険性があるでしょう。

②については、確かに臨床に進めばペットか家畜への特化はほぼ不可避です。この方が獣医大に進学した理由が、医師とは異なり外科、内科などに分かれず、すべての診療をさまざまな動物を対象にできるからでした。かといって、臨床どっぷりだと休みが取れないので、③を優先事項としました。理想と現実とのはざまで揺れていますね。

また、④の人体薬では医師・薬剤師が相手で、同等な立場ではないが、動物薬なら同じ獣医さんなので不快な思いはしないという期待です。なお、たとえば、薬剤関連では保健所に医薬品や医療機器などの品質や安全性などを指導する薬事監視員がおり、医師、歯科医師あるいは薬剤師の資格を有した方が務めますが、獣医さんも任命されることがあります。つまり、獣医さんと医療関係者で同等である例もあります。

実験用カニクイザル

（しわ取りコスメ開発中）なんだか皮膚がただれて、そこが痛痒く、このごろぐっすり寝られないわ。この変なモノ、いつまで塗りたくるのかしら……。もう勘弁してほしい。それにしても、こんなモノでほんとうに美魔女になると信じているとしたら、相当おめでたいわね。それこそ、つける薬はないって感じね。

第5節　ペット虐待を阻止せよ！

〈ペット〈たち〉の衛生〉　ここまでお読みになって、飼育動物が個の場合と群の場合とで獣医さんが異なった仕事になることがわかったと思います。家畜では個体診療をするノーサイの獣医さん、群管理では家保の獣医さん、そして、イヌ・ネコでは個体診療をする街の動物病院の獣医さんでした。では、イヌ・ネコの群管理、つまり複数飼育される状況の健康管理はだれがチェックするのでしょう。そのような場としては、たとえば、繁殖ブリーダー、ペットショップ、その売れ残りのペット動物たち、ネコカフェ、そこで接客に供せなくなったネコたち、繁殖を引退したイヌたち、そのような行き場のない動物を善意で引き取った個人・団体の飼育施設などが想定されます。そういった動物たちを山中などに捨てたり（遺棄《いき》）、不適切な状態で放置すると動愛法の違反となります。

〈動物愛護センターの獣医さん〉　これは犯罪ですから、警察案件となります。警察庁によると、2023年に動物虐待などで摘発された件数は181件であり、統計開始の2010年以降最多とのことでした。もちろん、このような事態は動物にとっても不幸ですから、その前に指導や是正をする公的な仕組みが必要です。動物愛護・福祉に関し厳格な欧米では、最悪な事態になる前（事件発生前）であっても警察が関わりますが、日本では各自治体の動物愛護（管理）センターなどが対応します。この施設は動愛法の2019年改正時、都道府県と政令市にその設置が義務付けられました。その目的は殺処分数を減らす努力、動物虐待の監視・予防、そのための啓発活動などで、そのような国の後押しもあって、現在、だいぶ殺処分数は減少したようです。その前身が野犬殺処分施設であり、保健所に併設されたので、動物愛護センターとなっても対応するのはほぼ保健所の獣医さんです。

つまり、人々の健康な衣食住に加え、ペットたちの安泰な飼育環境をまもるのも、またまた公衆衛生分野の獣医さんの仕事なのです。それよりも、イヌ・ネコを殺していた事実が気になりますか？　平成時代に生まれ、令和時代を謳歌されるみなさんには想像できないかもしれませんが、江戸時代から昭和時代（1950年代中ごろ）まで、飼主がいない野放しのイヌ・ネコが普通にいて、野犬に咬まれた人々が狂犬病に罹患していました。もっとも、1959年生まれの僕ですら、その時代のことは文献やもっと先輩の獣医さんからの伝聞でしか知りませんが……。

そして、狂犬病撲滅のため、野犬を捕まえては殺すことを繰り返してきました。その作業は、当然、狂犬病予防員の獣医さんが担当し、その活躍で、今の日本ではこの感染症の心配はなくなりました。でも、一歩、国外に出ると狂犬病は蔓延し、現に国外でイヌに咬まれ、帰国して狂犬病で亡くなる方がいます。ですので、国外でむやみに動物に近づくのはやめましょう。

日本が狂犬病清浄国となっているのは、国土が外国から海により隔てられている地理的条件もありますが、やはり、動物検疫（第2章）や飼犬への狂犬病ワクチン接種、飼犬の登録・鑑札の制度がしっかりしているのがおもな理由です。

〈ヘビの苦悶、読み取れますか〉　それにしても、衣食住で述べた業務に加え、〈人と動物の共通感染症〉対策にと獅子《しし》奮迅《ふんじん》の活躍をする公衆衛生分野の獣医さんが、動愛法関連にまで駆り出されるのはいささか無茶だと思います。なにしろ、この法律が規定しているのは、イヌ・ネコのみではありません。それ以外の家畜やちょっと変わった哺乳類、加えて鳥類や爬虫類までも対象としています。今のところ、両生類は非対象です。この法律でまもられる動物は〈愛護動物〉として定義されます。つまり、ヤモリは法的な愛護動物、イモリは非愛護動物です。ただし、野生は対象外で、飼育下のものだけですが、それでも、かなり広いと思いますよ。

たとえば、適切な飼育環境にあるのかどうか動物愛護センターの獣医さんが調べるわけですが、ペットショップのヘビの快不快を把握するのは至難のわざです。たとえ、第1章で示した僕らがつくったストレスのチェックリストをもってしてもです。爬虫類の獣医学は発展途上なので、法律だけが先を行っているようです。なお、トラやワニなどの危険な動物（特定動物）が、動愛法で個人飼育禁止となり、獣医さんの精神的ストレスはかなり軽減されました。

〈被災地のペット対応〉　以上のように、飼育下の動物の多様化により、公衆衛生分野の獣医さんは、今後、より忙しくなることが予感されます。それでも、まずは、実際に相手にするのは大多数の保護犬・保護猫でしょう。このなかには、前述したペット関連業者や動物愛護団体が救助したペットのほか、最近注目されているのが、被災地などに急造されたペット用避難所（シェルター）です。そして、必発するのが飼育崩壊です。熱意と善意で引き取ったのですが、長期間の飼育に不可欠な労力やコストでつぶれたのです。

このような事態となる前に、収容される動物の適切な健康管理・疾病予防をし、動物虐待を未然に防ぐ試みの科学がシェルター医学です。今世紀になり欧米で新興した分野で、日本の獣医大でも、とくに、動物看護学のある大学を中心に急速に取り入れています。これは

「動物虐待は獣医さんと愛玩動物看護師とのワンチームで！」

という意思表明なのでしょう。

なお、愛玩動物看護師を規定する愛玩動物看護師法という法律があります。その法で〈愛玩動物〉が定義され、イヌ・ネコと代表的な飼鳥とされ、〈愛護動物〉の範囲よりだいぶ狭くなります。その愛玩動物に残酷なことをするヒトが増え、とても暗い気持ちにさせられます。そのようなことを防ぐためにも、当事者はしっかり罪を償ってもらい、動物虐待はたいへんな悪事という認識を社会で共有する必要がありましょう。そのためにも、裁判に耐えうる客観証拠を提示するため、法獣医学という分野が注目されています。具体的には生前の症状、病理所見、毒物の性状・濃度などから苦痛の度合いや死にいたった過程などを示す法医学（犯罪科学）の獣医版です。詳細は『法獣医学』に譲ります。

被災犬

（津波の被災地に残されていたが、シェルターに運ばれて）流される直前、家族（飼主）に首輪を外してもらったけど、結局、自分だけが残された……。ダチョウの死体を食べようとしたとき、捕まって、終わりかなと思ったら、この場所に連れてこられ、餌の心配はなくなったけど……。やはり、毎晩、さびしくて……。

〈苦悩しつつイヌ・ネコ処分〉 動物愛護センターの獣医さんは、動物虐待に対峙するのと並行して、保護されたイヌ・ネコを新しい飼主さんに譲渡《じょうと》する活動もします。もちろん、この実働部隊として動物愛護に熱心な民間団体の方々の働きがあるのは当然ですが、獣医さんは新しい飼主さんに届けるまで、ペットたちの健康管理をし、避妊・去勢などの処置もします。

あまり考えたくはないですが、そういったイヌ・ネコのすべてが新しい飼主さんのもとに届けられるわけではありません。残念ながら、このような譲渡に向かない性格の個体は存在します。そして、残された動物が、税金を投入しての飼育継続をするのが困難となれば殺処分です。公務員には法律にもとづき公平な対応が必須で、獣医さんであっても、その立場なら個人の思いは入り込めません。用いる方法はむごいものではなく、薬物投与による過麻酔が一般的です。しかし、コストや手間がかかるため、二酸化炭素（炭酸ガス）を用いて処分しないとならない自治体もあるようです。いずれも、獣医さんが苦しみながら任務を遂行しているのです。

たとえば、環境省（統計資料）の〈引取り及び処分の状況〉一覧を参考にすると、２００４年（平成16年）度では全国で約42万頭が動物愛護センターに引き取られ、そのうち約35万頭が殺処分されました。２０２２年（令和４年）となり、殺処分数は約１万２０００と大きく減少しましたが、今なお１万を超えるイヌ・ネコが殺されています。ですからお願いです。安易な気持ちで、イヌ・ネコを飼わないでください。僕らの教え子たちに、これ以上つらい思いをさせないでほしいです。

収容犬

二酸化炭素で殺されるのだけは勘弁してほしいのだが……。あれは、ホント、苦しく、とてもじゃないけど安楽殺だとか、安楽死だとかとは、いえないよ。でも、家畜に注射されていた消毒用の逆性石鹸よりはまだましだろうけど……。

〈近ごろのイヌ・ネコの飼育状況〉　このような最悪な事態のそもそもの原因は、動物を飼いたいという欲求ですが、それを反映したイヌ・ネコの飼育数の実態はどのような状況なのでしょうか。この統計はペットフード協会がネット公開しています。

それによると、２０２１年のイヌ・ネコ飼育数実態調査では計１６００万以上で、イヌ約

710万、一方、ネコ約895万とイヌを上回っておりました。2009年ではイヌ・ネコ合計約2700万に比較すると顕著に減少し、2013年に底を打ち、後に緩やかに増加しています。とくに、コロナ禍の2020年と翌年、飼育数の伸びは顕著で、ネコ飼育数を反映していました。コロナ禍のさびしさを紛らわせる手段として、急遽、飼育し始めたのでしょうか。そうなると、コロナ禍が終わった今、そのイヌ・ネコはどのような扱いをされることになるのか。

一時的な感情で飼育し、持て余すことはないのだろうか。猫好き（猫派）である僕ですら、余生を勘案すると飼えないと判断しました。さびしさを動物に向けるのは、根源的なところでよくないと感じます。

〈心の安定を保つには〉 懸念されるのが、動物愛護に関わる公衆衛生分野の獣医さんの心的負担です。前述したように動物愛護は独立分野としてほかから切り離し、専門的な人材を養成、配置していくことが望ましいでしょうが、それは未来のこと。今の獣医さんはどのような覚悟で臨んでいるのでしょうか。盛戸正人次長（福井県坂井健康福祉センター環境衛生担当）に吐露していただきました。

「動物愛護への関心がきわめて強い方々と向き合いながら、その思いに応えようとする理想とそれを阻む現実とのギャップに呻吟しつつ、一方でネグレクトなどの動物虐待現場への立入調査で心が折れそうになることがあります。そのような職務の連続でモチベーションを維持していくため、理解ある方々によるボランティアの仕組みを組織し、また、学校飼育動物に標的を絞った動物愛護の啓発などで子どもを含めた多くの人々が明るくなっていくのを見るのが安定を保つ糧《かて》だと思います。幸い、公務員の制度として3〜4年で人事異動がやってきます。対応がキツイのなら、それをひたすら待つ手もありますので、若い獣医さんにはそれほどかまえずに挑戦してほしいですね」

動物愛護に限らず、職業となるとたいへんです。とりわけ、市民への公的奉仕が使命である動物愛護の獣医さんは、動物ではなく、幸せそうな動物の姿を見て市民に幸福感を得てもらう職制（使命）と確認されました。なお、盛戸次長のおっしゃった〈立入調査〉ですが、その際に必要な科学が法獣医学ですね（くわしくは、くどいですが、『法獣医学』をご覧ください）。

第4章

野生動物の獣医さん

第1節　傷ついた野生動物を救うとは？

〈傷ついた野鳥を見つけたら〉もし、あなたが瀕死《ひんし》（かろうじて生きている状態）の野鳥を見つけたとしましょう。スマホ検索をすると、鳥の博物館（千葉県我孫子市）のサイトが出てきて、こういった場合の連絡先が明示されましたが、あなたのいる場所は関東地方ではないので、身近な市役所に電話しました。あいにく金曜の夕方。留守番電話が〈週明け月曜午前9時以降にもう一度おかけ直しを〉と繰返すだけ。途方に暮れ、その鳥を見直すとお尻のほうから泥状のモノが出ています。汚れてはいやですし、そもそもサイトにあった警告〈安易に触るな！〉に従ったほうが無難です。また、そのサイト情報によると、鳥が〈あお向け状態で意識なし〉なので脳しんとうだと思われます。近くの建物の窓ガラスにでも衝突したのでしょう。そうやって考えると、少し開いた口と嘴《くちばし》の小さな穴（鼻孔）から出血し、嘴自体も、心なしか、おかしな形で曲がっているのでまちがいなしです。

つまり、この鳥が苦しんでいる原因は、自然の現象ではなく、飛翔ルート上に起立した人工物にぶつかったので、ヒトの責任で助けようと心に決めました。幸い、サイズはスズメとハトの中間くらいで、手持ちのエコバッグに入れて運ぶことができそうです。初冬なので手袋をしていますから、素手で触らずに済みます。サイトでは〈胸式呼吸のため、持ち上げる際に胸を圧してはダメ！〉とも警告しています。腹式呼吸とどう違うのかなどと考えながら、サイト情報に従って人差し指と中指で頸《くび》を包み込もうとした瞬間、びっくりするくらい大きな声で威嚇してきました。そうなると、途端に萎えてしまい、「それだけでかい声出すなら、元気、だいじょうぶだろう」と自分にいいきかせ、その場を離れます。普通の想像力を持つあなたは、すぐに〈ほかの動物がこの子を餌とみなしているので全力で抵抗するのは当然〉と脳裏をよぎりますが封印。そして、帰宅後、〈今ごろはもう、元気になった〉と思い込み、忘れるようにするのでしょう。

クマゲラ

（森に接した校舎の窓に衝突して）**フラフラする。逃げないと。カラスが集まってきた。おまけに、人間まで。触るな！　あっちに行け！**

〈胸式／腹式呼吸〉あの場のあなたの取った行動は正しいです。なんら恥ずることも、後悔すべきこともありません。それより、少し落ちついたら、あのとき、検索で見つけた鳥の呼吸様式の復習をしてみませんか。それにより、たくさんの鳥を救う道に通じるかもしれませんから。

まず、鳥と獣（ヒト含む哺乳類）の呼吸法が違うとはいっても、酸素と二酸化炭素のガス交換をするのが肺なのは同じです。しかし、大きな違いは、肺と胃・肝臓との間にある横隔膜という仕切りです。〈膜〉とあるので、薄っぺらなにかを想像しますが、しっかりした板状の筋肉です。それを感じるためにも、焼肉屋さんで〈さがり〉を賞味しましょう。

そして、横隔膜により胸とお腹とが別々の部屋になっています。むずかしいことばですが、それぞれ胸腔《きょうくう》と腹腔《ふっくう》といいます。そして胸腔のほうに肺が収まります。肺の容量はヒトで5リットルほど。みなさんがその大きさの風船を膨らませるのはたいへん。しかし、1気圧ではない、陰圧という状況下では風船、いや、肺外壁は引っ張られ、それほど無理なく、横隔膜のほんの少しの上げ下げで空気が吸い込まれます。これが腹式呼吸です。

〈胸とお腹が風船〉ところが、鳥には横隔膜がありません。これが獣と大きく違います。また、もう一点、肺のミクロな構造も違います。高校の生物で学んだように、肺を細かく見ると、気管・気管支の末端が肺胞という風船のミニ版でした。そこで分子レベルのガス交換が起きています。しかし、鳥の気管支の末端は袋ではなく、気管支のまま開いて、いったん、肺の外に出る形状をしています。そして、ガス交換はその多数の細かくなった気管支（細気管支）内で行います。つまり、鳥の肺は、ちょうど、ストローを束ねた状態なのです。ですので、解剖をして獣の肺と鳥の肺の触り心地を比べると、獣のほうは食パンの（フワフワした）白い部分のようですが、鳥のほうはその周囲にある（こわばった）ミミの感じです。

さて、それでは、そのストロー状の気管支はどこにいくのでしょう。胸やお腹（胸腹腔）のなかにある気嚢《きのう》という透明な膜の袋に開口します。要するに、獣では肺が袋状ですが、鳥では胸・お腹の大部分が気囊という袋なのです。そして、胸の骨を動かし、気囊に空気を出し入れし、細気管支内に空気の流れをつくって呼吸します。この一連の流れを胸式呼吸といいます。こちらのネーミングのほうは、しっかり胸を使うので、（腹式呼吸に比べたら）納得できるネーミングかと。それはともかく、胸を押さえてしまうと、この動きを止めてしまうので、前述の警告となったわけです。

〈低酸素状態の地球〉 気囊にしろ、あるいは横隔膜にしろ、効率的に空気を吸い込むことに適応したとてもよくできた仕組みですね。しかし、鳥獣共通の祖先であった大昔の爬虫類には、こういった仕組みはありませんでした。いったい、なんでこのような仕組みが誕生したのでしょう。

最近の説によると、古生代末、活発な火山活動により、大気が低酸素状態となり、酸素を効率よく得るため、鳥の祖先となる竜盤類（恐竜の一部）が気囊を持ったということです。また、もう一方の単弓類という獣の祖先となる爬虫類で横隔膜が生じたとされます。このとき、単弓類の赤血球は核を失い、小型・多数化し酸素と触れる表面積を増やしました。でも、こういった仕組みを持った動物は、地味な生きものとして中生代を迎えます。なんといってもこの時代の絶対的王者は非鳥類恐竜でしたから。

爬虫類のある種

（古生代末、火山活動が一休みし、酸素濃度が再び上昇しつつあった陸の木陰に潜む鳥と獣の祖先のある爬虫類）**息苦しさから解放されたと思ったら、バカでかいやつらがウロウロして、見つかると危ない……。**

〈歯がない理由〉でも、大隕石の衝突があってその恐竜たちは姿を消しましたね。それ以降は、代わって鳥と獣が覇者になります。隕石の大地への衝突後、大気に岩石の埃が舞い上がり、日光を遮り、植物は光合成ができなくなりました。そのため、多くの植物も絶滅、それを餌にしていた植食恐竜も、また、これを餌にした肉食恐竜も死に絶えました。絶滅した種で有名なところでは、竜盤類のうち獣脚類の代表ティラノサウルスでしょう。光合成の停止ばかりではありません。著しい気温低下も起きました。確かに、保温性の優れた羽毛を持った羽毛恐竜はほんのしばらくの間、寒さはしのげたでしょう。でも、餌となる植食恐竜がいませんから、結局、肉食性のものは餓死します。

これら肉食恐竜はみな、立派な歯を有しましたが、植物の種を主要な餌にしていた恐竜は、植物体がなくても、餌資源の種は残っていましたので、かなり後まで生き延びることができました。種を丸のみするので歯は不要ですが、その代わり、胃に咀嚼《そしゃく》する機能が備わっていました。それが砂嚢《さのう》です。固い食べものを粉々にするための、まさに筋肉の塊です。これは今の鳥にもあります。これも焼肉屋さんで砂肝《すなぎも》を注文して実感しましょう。というか、生き残ることができた恐竜が鳥でした。

樹上のエゾフクロウ

〈林道のいつものお気に入りの場所でペリット〈非消化物〉を吐き出しながら〉**丸のみしてペッ！とするだけだから、楽ちんさ。骨もペッ！羽も体毛もペッペッさ。ただ、それをめあてにカメラを持った人間が待ちかまえているのは、ウンザリだけどね。**

〈恐竜の獣医さんを目指せ〉鳥と同じように、隕石衝突による環境激変を生き延びたのが、死骸《しがい》や昆虫を食べていた小型の獣でした。その獣の雰囲気はトガリネズミのような感じだと思います。そう、第１章で登場した保護ネコのチクワちゃんが食べたと思われる哺乳類です。トガリネズミというとさぞかし弱々しい印象ですが、新生代となって、このような祖先的な哺乳類は多様化しました。僕らヒトもその恩恵にあずかることになりましたね。一方、翼竜が死に絶え、空が未使用状態となり、鳥のほうも多様化が起きました。加えて、鳥で歯が欠如したことは、個体発生面で孵化《ふか》期間の短縮化となり、捕食される危険性が低下、これも鳥の進化を促進しました。

中生代は別名〈爬虫類の時代〉と呼ばれます。そして、現代を含む新生代が〈哺乳類の時代〉とされますが、〈哺乳類と鳥類の時代〉のほうがよいと思います。鳥／獣は解剖・生理など大きく異なり、たどった進化の道程も違いますが、両者は新生代になってとても成功した動物群だからです。

それはともかく、基礎獣医学ではこういった進化・生態的な背景を教えず、今の性質をただただ知るだけに専念します。これは、僕の経験からの感想ですが、たいへん苦痛です。そして、もし、多くの学生さんも同じ思いなら、獣医学・獣医療自体の発展も阻害しかねません。

鳥が誕生し、今日にいたった歴史を知ることは、奇跡の存在である鳥を救護する強い動機になります。そして、これがきっかけで、鳥専門の獣医さんを目指すことになれば、恐竜の獣医さんになることを意味します。鳥は生き残った恐竜の末裔《まつえい》ですから。さっきまで、映画だけの世界であった中生代が、あなたの眼前に立ち現れた気がしませんか。

〈保護と救護とは違う〉 時空を超えた寄り道をしました。弱った野鳥を見かけたあの場所に戻りましょう。結果はともかく、こういった野生動物を助けたいと思うのはごく自然な感情です。それに、獣医さんの本のはずなのに、これまで〈殺す〉ばかりで、そろそろうんざりしたころでしょう。ですから、〈やっと、救命の話になるのだ〉と期待していますね。

話の腰を折るようですが、その前にちょっと整理をします。弱った鳥・獣を収容し、1羽1頭治療・ケアするため、然るべき施設に持ち込まれます。僕が約20年間運営した野生動物医学の専用施設もそのひとつでした。この一連の活動を救護といい、対象は個体です。これは、後で話す個体群あるいはその生息域となる健全な生態系を保つ保護と厳然に区別されます。なお、気の毒な個体を見て〈助けたい、なんとかしてあげたい〉と思う気持ち・感情が愛護で救護はその発露です。

一方、保護のほうは動物を持続的に存続・利用することを目的とした活動で、こちらの対象は同種個体が集まった個体群です。ある場所の個体群ではヒトの影響で不自然に増えすぎてしまった場合に、その一部の個体を間引く（殺す、管理する）ことがあり、保護管理の重要な手段のひとつとなります。逆に、不自然に減ってしまった場合、たとえば、過度な開発や密猟などによりますが、ある地域の個体群サイズをそれ以上減少させない、あるいは正常な状態に戻す活動、要するにそういった行為をやめることも含まれます。ただ、現状では前者のほうを意味することが多いようです。ここまできいて、ちょっと混乱しているかもしれません。少なくとも保護／救護は違うことだけを知ってください。それにしても、愛護も加わり、みな同じ漢字〈護〉がついていて紛らわしい……。

〈救護もする鳥獣保護センター〉実態は救護活動ではあっても、保護活動とされることがしばしば見受けられます。試しに日本野鳥の会のサイトにある〈野生鳥獣担当機関の連絡先〉一覧を見てみましょう。多数の自治体鳥獣保護センター（自然保護センター、愛鳥センターなど）が掲載されますが、これらの大部分が本務（後述）とともに、救護もさかんに行っています。救護はあくまでも兼務ですが、心優しき市民の期待を背負うので全力で対応します。そのため、たとえ獣医さんではなくても、鳥類医学・医療の自己研鑽が必要で、各地にあるリハビリテーター研修などに参加されます。

施設のなかには、野鳥救護所や野生鳥獣救護センターのように〈救護〉を表に出すものもあり、興味深いことに、いずれも動物園の動物病院内に設置されているようです。ですので、動物園の専属獣医さんが園外から運ばれてきた野鳥を治療し、鳥類医療の経験を蓄積しているのだと思います。場合によっては、ご自身のサラリーを削って鳥類臨床研究会などに参加されています。

なお、野鳥の会のサイト一覧表には自然環境保全センターという名称も出てきますので、保護／保全の違いも知りたくなりますね。保護は特定動物個体群とその生息地を〈まもる〉こと、一方、保全はもっと広く動物群集および／あるいはより広大な自然環境（生態系）を〈まもる〉ことでしょうが、正直なところ、僕にもよくわかりません。

〈公的野生鳥獣施設が目指すこと〉

ところで、鳥獣保護センターの本務とはなんでしょう。本来、鳥獣保護センターなど各自治体の専門部署は、害鳥獣の対策や狩猟鳥獣の増殖などを目的に設置されました。そして、こちらの仕事は、法的・歴史的に林業の一環とみなされています。もう一度、先ほどの野鳥の会の一覧表を見ましょう。これら施設は林業試験場野鳥病院、自然保護課狩猟・保護班、林務部鳥獣対策室、農政環境部鳥獣対策課、環境森林部野生生物担当などの部署に管理されていることがわかりますね。ですので、公務員として野生動物と仕事として関わるため、つまり、まず、自分の生活を安定させ、〈やりがい搾取〉の犠牲者とならないよう、計画的に自治体林業職に就く獣医さんもいます。

一方、採用する自治体側も優秀な人材を多数得るため、採用試験では若者から敬遠されそうな〈林業職〉という区分ではなく、〈鳥獣専門職〉のような名称にしたところもあります。これに比べれば、歴史が浅いのですが、健全な生活環境維持に関する部署が野生動物を担当する場合もあります。あるいは、農林水産業・生活環境両方が野生動物に関わる自治体もあり、その場合、同じ野生動物でも担当範囲が異なっているので、もし、真剣に関連の就職を希望されるなら、身近な自治体（都庁、道庁、府庁、県庁、市役所、町村役場など）に問い合わせてみてはいかがでしょう。あるいは学校の〈調べ学習〉などを通じて調査するのもよいと思います。生徒さん個人ではむずかしいかもしれませんので、本書をご覧の先生方、自治体のみなさま、ご支援お願いいたします。

〈保護管理の専門家のいらだち〉 愛護精神が動機になり傷病個体を助ける救護活動と、個体群を持続的に利用するために行う保護管理とが同じ施設で扱われている場合、救護／保護の混同を助長しかねますが、両者がまったく違うことは前述したとおりです。でも、実際には仕方がないとも思います。そして、勘違いをしないでください。本書では、救護／保護どちらが正しい（悪い）、どちらを優先する（後回しにする）ことを断ぜず、違うことだけを明示し、ご判断はみなさんにゆだねます。

こういった場面で、つい思い出すのが、保護管理学の名著『動物を守りたい君へ』（高槻成紀［２０１３年］岩波書店）です。野生動物を〈まもる〉ため、ケガした病気を助ける獣医さんになることを夢見た中学生が高槻氏の研究室を訪問したところから始まります。同著者（同出版社）による前作『野生動物と共存できるか』［２００６年］で解説したにもかかわらず、伝わっていなかった不甲斐なさといらだちが伝わってくる場面です。最終的に、その子は救護／保護をきちんと理解し、僕もホッとしましたが、その後、どのような職に就いたのかが、今でも気になっています。

ネコ

（獣医大のおひざもとにある居酒屋の老看板ネコが学生の飲み会を眺めつつ）あらら。キューゴが大事、いいや、個体を助けてもきりがない。ホゴでないと無意味！　って、またやっているよ、あの子たち……。まあ、とにかく、元気なのはいいことだわ。それに、（今のところ）ほかのお客さんには迷惑かけていないようだし……。

〈飼育・野生動物とヒト／個体（個人）・個体群（公衆）〉 どうやら野生動物の救護／保護問題も、個体／個体群の差異に還元されそうですね。これまで、①飼育動物と②ヒトの㋐個である場合（個体、個人）と㋑個がまとまった場合（飼育群、公衆）を扱ってきました。その組み合わせによって、対応する手法というか分野が異なっていました。そして、③野生動物でも個体／個体群で関わり方が違うのですが、混乱する前に、ここでいったん①～③、㋐／㋑を組み合わせた6つの職域を示すと、

①の㋐　ペット／家畜などの個体診療をする動物病院の獣医さん

①の㋑　ペット／家畜群の健康管理をする公衆（動物愛護）／家畜衛生の獣医さん

②の㋐　ヒトの診療をする医師（獣医さんではありません）

②のㇶ　公衆衛生（食肉・衣住・人と動物の共通感染症）の公務員・薬剤会社などの獣医さん
③のㇷ　野生動物の救護（傷病個体の診療）をする獣医さん
③のㇶ　希少種の増殖／野生動物の保護管理に関わる畜産・水産あるいは林学の専門家（場合によって獣医さんもですが、あくまでも例外的）

となります。獣医さんの免許を生かすのなら、どれかを選択しますが、一部の獣医さんは複数の職域に従事します。代表的なのが園館で展示動物の個体診療（①のㇷ）が日常業務ですが、気の遠くなるほど多様な動物の、さまざまな病態が絶えないです。たとえば、『注文の多すぎる患者たち』（ロマン・ピッツィ［２０２４年］ハーパーコリンズ）はその臨場感が伝わるみごとな著作です。それにとどまらず、家保が園館動物に対してほぼノータッチであった場合、園館獣医さんは防疫業務も兼ねます（①のㇶ）。また、比較的大きな園館では希少種増殖事業、すなわち生息域外保全も行います。そうなると、そこの獣医さんは③のㇶの職務にも駆り出されます。ところで、保全ですが、域外があるなら域内もあります。域内保全とは希少種が生息している地域の環境改善をすることとです。生息域の保全がなされていないと、せっかく域外保全で増えた動物を放しても生きていけません。とても重要な仕事で、植物を含む環境系や自治体政策と地域経済など人文科学系の職務です。

〈「動物園、卒業します」といい残し……〉救護もする鳥獣保護センターのところで少しお話ししたように、一部動物園（まれに水族館も）ではその所在地の傷病鳥獣救護（③のㇷ）も担いますが、野生動物における高病原性鳥インフルエンザや豚熱などの影響で、受け入れを中断しているところが増えました。展示動物への感染を避けるため必要な措置でしょう。また、忘れてはならないのが、園館は娯楽・教育施設ですので、多くのお客さんがいらっしゃいます。もちろん、そこで働かれる方も多数ですから、そうなると、収容した野生動物からの人々への野生動物が持つ病原体の感染もこわいです。こういった〈人と動物の共通感染症〉対策も（②の㋑）、獣医さんに求められます。そのようなことで、園館獣医さんは日常業務に加え、とても忙しいことになるのです。したがって、激しい競争を勝ち抜き（後述）、念願の園館獣医さんとなっても、

「ごめんなさい、もう、動物園は卒業します」

と母校教員にいい残し、現場を去っていく方が少なくありません。いわゆる〈やりがい搾取〉のなれの果てです。救護のところでも見ましたが、野生や園館にはときに〈やりがい搾取〉が潜みます。

補足しますが、今の園館展示動物の多くは、野外から直に持ち込まれた野生個体ではなく園館生まれです。ですので野生ではなく飼育動物です。報道で展示動物を指し〈動物園の野生動物〉と紹介されますが誤りです。ですが、園館を去った獣医さんは、野生は展示動物を連想してしまうのか、野生と無関係の家畜／ペット専門に再就職することが多いようです。

ペンギン
（ある公営水族館で長年飼育され、先日の検査で腫瘍が見つかりバックヤードで余生を過ごしつつ）
毎日、生きた魚を食べさせてくれるのはうれしいけど、お客の前に出なくなったのは、少しさびしいねえ。それにしても世話係（飼育専門員）**が、今朝、また代わっていたよ。近ごろの子は長続きしないなあ。それとも、おいらが長く生きすぎたのかな……。**

〈「野生動物の保護の仕事をしたい」への回答〉　しかし、そういった現状を知らない高校生あるいは獣医大生から、長年受けた質問として、

「野生動物の保護をする獣医さんになりたいのですが、どうしたらいいのでしょうか？」

というのがあります。１９９０年代前半の日本に本格的な野生動物医学という学問がなかった時代ならば、〈野生動物の職なんてない！〉と切り捨てられていたでしょう。

今日でも職に関して、それほど大きく改善されたわけではないですが、それでも、野生動物に関連するものは皆無ではなく、たとえば、保護管理（③の㋑）あるいは感染症対策（②の㋑）などはあります。なお、職の状況が旧態依然なのは日本だけのことであり、国外ではまったく異なりますが、これは『挑戦』を読んでいただくとして、日本での職について見てみましょう。

〈ほんとうに保護なのかの確認〉ちなみに、質問の〈保護〉とは、ほぼまちがいなく救護（③の㋐）でしょう。でも、念のために確認し、そうだとなると続けます。救護に対して金銭も発生しないし、だれかが支払う仕組みもないこと、よって、それのみでは職として成立がむずかしいこと、ただし、一部園館の業務としてこの活動をしていることなどを伝えます。また、野生動物は感染症面で危険要因とみなされますので、受け入れ施設は病原体検査を含め相当慎重な対応をしていること、そのような対応がむずかしい施設では受け入れを停止していること、そして今後、ますます減少するであろうことも付け加えます。

以上をきいてもなお、意思が不変で、そのような園館勤務で救護を望むとなれば、現状をお伝えします。おもだった園館で働く獣医さんの数は第1章で話したように約400名で、これは全獣医さんの1％程度であること、毎年出る定年退職者を埋める新規採用数も獣医師構成比率を反映するなら、約1000名の新規獣医さんの1％は約10名程度です。もちろん、この数字はあくまでも目安ですが、いずれにせよ、超人気の職域なので熾烈な状況となることは確実です。したがって、質問者には相当な覚悟を持ってほしいと激励します。

〈鳥類ばかりですがだいじょうぶ？〉さて、めでたく、救護をしている園館の獣医さんになったとします。ところで、救護でその動物園に運ばれる個体のほぼすべてが野鳥です。一般の方々が扱うとしたら、獣はむずかしいでしょう。それも段ボール箱に収まる程度の野鳥がちょうどいいのです。そうなると、鳥類一般の生物学・生態学の知識と医療術を持ち合わせていないといけません。獣医大の正規課程ではこういった授業はありませんから、自分で解決することになります。

さいわい、文永堂出版という獣医学書を扱う出版社から、１９９０～２０００年代にかけ、獣医さん向けの優れた救護ハンドブックやレスキューマニュアルなどが刊行されました。獣医大図書館や鳥獣保護センターなどにはありますので、感じをつかむため一読しましょう。

ハクセキレイ

（粘着剤が塗られた鼠捕りに貼りついたままの状態で動物病院に連れてこられたが）**おいおい、この姿で追い返すのかよ。自分、鳥、診ませんって、だいじょうぶかよ、この先生。こいつ**（鼠捕りを仕かけたヒト、責任を感じ、獣医さんを頼ったが断られる）、**あちこちで、絶対、いいふらすよ。小さな板**（スマホのこと）**を使ってさ。炎上になるね、きっと。いやいや、そんなことより、オレのこと、なんとかしてくれよ！**

〈テロリストになる危険性は？〉 これらハードルをクリアし、救護個体の担当となり、献身的な治療とケアで、はじめて扱った個体は回復をしました。少なくとも、そのように見えます。そうなると、放鳥です。努力が報われる瞬間ですが、ちょっと待ってください。

その個体は治療で使用した抗生物質により耐性菌は持っていませんか。動物専用の餌には抗生物質を含む製品もあるので、同じ問題がありますよ。あるいは、別の入院個体から院内感染してはいませんか。こういったことを確実に否定しないで放鳥すると、自然生態系に病原体が蔓延します。自覚がないままご自身が自然生態系に害をなすエコテロリストになるのです。あるいは、放鳥した個体が事故原因になることもあるでしょう。とくに、高速道路や鉄道付近で救護された個体をもとの場所に放すことは、もう一度ぶつかり、深刻な事故につながる危険性があります。もし、それでヒトの死傷者が出れば、今度は、真のテロリスト、社会の敵とみなされます。

オオハクチョウ

（北海道の高速道路脇で衰弱した状態で見つかったが、救護施設に搬入後、回復、放鳥されたものの……）**またぶつかったよ。前回は翼と肢が電線に引っかかったが、今度は、トラックのフロントガラスにぶつかってしまった。オレは、もう、終わりだが、トラックのほうも……。すまない……。**

〈税金を使うとなったら……〉そもそも長期間入院した個体が、放鳥後、しっかりと生きていくことが可能なのでしょうか。さらに、生き残ったとして、無事、繁殖相手を見つけて、子孫を残せるのでしょうか。繁殖に参加できたとしても、収容場所と放鳥場所とが異なる場合、遺伝子レベル（ハプロタイプ）

の攪乱《かくらん》に手を貸すことになりませんか。次々と疑問（疑念）が湧き起こりますね。
以上のように、相当な覚悟・知識・労力などが必須です。しかし、救護は、愛護精神というなにものにも代えがたい気持ちの表現ですので、おそらく、あなたは気にされないのでしょう。ただし、救護活動には膨大な経費がかかりますが、だいじょうぶでしょうか。もし、そこに少しでも税金を投入するとなると、一般の人々にその妥当性を説明しないとなりません。おそらく、イヌ・ネコと違い害鳥獣も含まれる野生動物では、愛護の気持ちだけで理解してもらうのはむずかしいでしょう。

〈放鳥率は約３割〉　それでも、自治体のなかには、このような救護活動にかかる経費の一部を税金から補助しているところもあります。現金ではなく品物の場合もありますが、いずれにしろ補助は申請をして受けるので記録が残ります。たとえば、僕が獣医大で運営していた専用施設では、年に30～40個体の傷病鳥獣を引き受け、道庁から毎年約５万円分の検査キットやフードなどが提供されました。そのような施設が全国にあり、前述のように傷病個体を受け入れている園館のほか、鳥獣保護センター、救護に熱心な獣医さんがいる個人の動物病院、そして専用施設がある大学などに運ばれます。すべてを合わせると年約２万件、そして、自然に帰されるのは約３割（放鳥率）です。ただし、それは、とりあえず目の前からいなくなることであり、その後は不明です。こういった救護の現状（収容数、放鳥率、課題など）は、なにも日本に限ったことではなく、欧米においても同様で、たとえば『都市に侵入する獣たち』（ピーター・アラゴナ［２０２４年］築地書館）では桁違いの事例数に衝撃を受けます。

以上から、従来、生態系の保全やバイオリスクなどの面から、救護（③の㋐）は無意味・危険という指摘がありました。しかし、傷病個体の姿は一般の方々へ強力なインパクトがあります。動物福祉・倫理面も含め、あくまでもさまざまな問題点をクリアしたことが絶対条件ですが、いわゆる環境教育・啓発の教材として活用する、させていただけるならば、とても有効であると思います。こういった実物を見ないと、やはり、ヒトは覚醒しませんから。

コアホウドリ

（強力な海風で内陸に吹き飛ばされ、衰弱。完璧な治療とケアが成功し、放鳥されて）獣医さんたちが、元気でやれよーと励ましてくれたのはうれしいけど、ひとり群れに戻っても、つまはじきにされるのだろうな。これから数十年、死んだように生きるのか……。

第2節　減った動物をもどす獣医さん ——希少種保全の獣医さん

〈未来なんて、どうでもいいや〉野生動物をまもることは人々の健康をまもる公衆衛生学と似ています。

その分野がよりどころにするのは人口統計（人口推計／動態）で、たとえば、獣医公衆衛生学の教科書を開くと、冒頭に〈国民衛生の指標〉が示されます。みなさんも、子どもの数が少ないことが問題とする報道を耳にしているでしょう。この数字は人々（公衆）が将来も健全に暮らすため、とても大切です。未来の大人が社会を動かすので当然です。

ですが、若いあなたにとって、何十年も後のことなんて無関心だと思います。今、この瞬間を生きることで苦しいみなさんのそのような態度はあたりまえですし、それが10代の健康的なありようなのでしょう。でも、現時点で問題意識を強く持つ方は、きっと社会を変えるはずです（それを強く意識され、どうか日本の未来をよろしくお願いします）。

〈絶滅防止は子の数が決め手〉　それでは、野生動物の話に入ります。野生種のなかには、個体数が極端に減ってしまい、もうすぐ姿を消してしまうと心配される絶滅危惧《きぐ》種／個体群がいます。絶滅が危惧される個体群は、ほかの地域ではありふれていても、ある地域にのみ生息し、特異的な遺伝子（ハプロタイプ）を有することになった個体たちも指します。それらは、今すぐなんらかの手立てを講じないと、将来、絶滅する確率がきわめて高いとされます。たとえば、四国地方のツキノワグマがまさにそれです。ちなみに、九州産はすでに絶滅したとされ、同じ轍《てつ》を踏まないようにと躍起になっています。一方、同じ種が東北・北陸地方などではヒトへの攻撃が頻発し、捕獲（駆除、管理、すなわち殺戮《さつりく》）の対象になっています。

同じ国土にいる同一の動物種で、扱いがこのように１８０度異なり、混乱をしていませんか。ながったらしい表現となりますが、環境省は２０２４年4月、〈鳥獣の保護及び管理並びに狩猟の適正化に関する法律（鳥獣保護管理法）〉というなかで規定する〈第二種特定鳥獣保護管理計画〉の指定管理鳥獣として、四国地方のツキノワグマを除外したクマ類2種を追加指定しました。この措置《そち》は２０１４年のニホンジカとイノシシの指定以来はじめてという、きわめて異例な事態とされますが、それほど深刻な状況にあることの反映でしょう。法律やその計画などの詳細は『ワイルドライフマネジメント』（梶光一［２０２３年］東京大学出版会）などをお読みください。

〈宝くじ当選確率も種の絶滅予測も統計〉ところで、前項に〈絶滅する確率〉という表現がありました。なぜ、カクリツが動物の運命と関わるのか違和感があると思います。確率とは高校数学などの後のほうに出る単元で、先生は宝くじや投資、さらにギャンブルの例を出して説明したと思います。そして、〈世の中、絶対儲かるはない！〉と示され授業を終えたと思います。２０２４年3月、大リーガー・大谷選手の元専属通訳による詐欺事件が発覚し、彼がギャンブル依存症であったことから、みなさんへのこの教えがより強く響いたと思います。

これに比べるとかなりスケールは小さいですが、〈あの駅前売り場の宝クジは必ずあたる！〉が怪しいように、専門家は〈その年の春がくる前に、すべて、死に絶える！〉とは断定しません。たとえば、「もし、50年後まで遺伝的多様性を失わず、かつ進化生態的な関係も維持されるのであれば、５００

個体以上が残る確率は約65％であろう」

などと科学的な仮説の形で提示します。その基盤情報が個体群に関する出生率や死亡率などの統計データで、人口統計の野生動物版です。これら情報をもとに現状分析した結果で、同じ情報と分析手法を別の研究者が使っても同じ結果となるのかどうか（反証可能）が重要です。もし、同じ結果となれば、その仮説の信頼性がより高まります。このような科学的な過程と未来予測が保全生態学の〈個体群動態〉という事象で、保護管理の専門家（前節③の㋑）がよりどころにします。

ですので、こういった専門家は統計学を理解し、個体群動態学を自在に使いこなします。ただし、最初から数学や統計が得意であったのではなく、仕事を続けているうちに、苦労しながらたくみになったと何人かの方からきかされました。まさに〈意志あるところ道あり〉ですね。

〈人口ピラミッドを描く〉　そうはいっても、数式や統計など数字の羅列だけで示される個体群動態学の結果が示されても、一般の方に理解していただくのは無理です。そこで登場したのが人口ピラミッドという棒グラフです。もう一度、人口の話に戻りましょう。

白紙あるいはグラフ作成専用ウェブアプリのカラム（横棒）グラフ作業画面を用意し、左に男性、右に女性のそれぞれの人数を示すカラムを描き込む準備をします。まず、その図の一番下に、調査対象年に生まれた新生児数を０歳のところに示す棒を描きます。その上に１歳の、次いでその上に２歳の人数をと順に重ねていきます。これを１１０歳あたりまで続けると齢構成がグラフ化できました。

最終的に全体がピラミッド型（三角形）となれば一安心。しかし、日本では毎年生まれる赤ちゃんの数が少なく、一方で人間全体の寿命が延び、結果的にシニアが多くなり、まんなかが膨れた壺型となります。これを見てはじめて、数学が苦手な為政者のみなさんが頭を抱えるわけです。そして、こども家庭庁が設置され、子育て制度や高校無償化などの政策が次々と打たれます。そのスタート地点、1丁目1番地が人口ピラミッドです。なお、あのような形となってもグラフはやはり人口ピラミッドと呼ばれ、〈人口壺〉などとはいいません。

〈眼前の多数個体にだまされるな！〉動物の場合もまったく同じです。ある地域に生息する動物の齢構成を知り、人口ピラミッドを描くことから始まります。たとえば、マグロ漁がさかんな海域ではアホウドリ、ミズナギドリ、カツオドリなどの海鳥が誤って捕獲されますが（混獲《こんかく》）、そういった漁場でタンカーから大量の原油が漏れる事故が起きたとします（油汚染）。そのため、海面に漂う黒々とした原油を魚群とまちがえ、海鳥が嬉々として着水または飛び込んでいきます。低体温症や溺死《できし》個体が多数発生、その場で即死するほか、わずかな個体が救護されます。しかし、前節で示したように、このような個体を助けても、個体群の安定的な維持にはほぼ無力です。

そもそも海鳥は、一般に密集した状態（コロニー）でないと繁殖行動ができないので、油汚染事故により生じた個体数急減は、負の螺旋《らせん》的に次世代以降、個体数をどんどん減らしていきます。そこで、緊急の調査団が組織され、その鳥が繁殖する離島に上陸、目視調査をしました。その結果、海鳥はウジャウジャおり、調査団は全員、ほっと一安心して帰任しました。

〈域外保全への決断を促す人口ピラミッド〉その海域の原油除去作業もほぼ終わり、少し落ちついた時期、もう一度上陸して、海鳥を安全に捕獲、年齢をくわしく調べてみると、コアホウドリたちは、平均的な寿命である50歳に近い老齢個体ばかりで、若齢《じゃくれい》個体がほとんどいないことがわかりました（年齢を調べる方法は後述）。混獲・油汚染などを生き延びた経験豊かな個体に比べ、経験の浅い個体は、どうしても、犠牲者になりやすいのでしょう。

それはともかく、はっきりしているのは、その個体群サイズが急減し、近い将来、絶滅するおそれが高いことです。絶滅回避のため、漁業の制限など域内保全と並行して飼育下で育雛《いくすう》するなど域外保全（前節）も一刻も早く行う必要があります。そのためには、こういった一連の決断をする為政者を納得させないとなりません。その根拠資料が人口ピラミッドの動物版なのです。

コアホウドリ

（繁殖地のある離島で）いつのまにか、ここにいるのは、わしら年寄りばかりになってしまったなあ。あの油の事故以来、子育てするカップルがまったく見あたらない。若いやつらは経験が浅く、おっちょこちょいなので、あの黒いのをイワシの群れと見まちがえ、飛び込んだのさ。必死で止めたんだがね……。

〈野生動物の獣医さん登場〉 域外保全の拠点であるのが園館で、その理論・技術は陸上動物では畜産学の育種・繁殖、海産動物では水産学の増殖・養殖などで、獣医さんや獣医学の出番はないことは、ほんの少し前にお話しししました。

しかし、これを補助的にサポートする際、次のように獣医さんの理論・技術はたいへん役立ちます。まず、動物の年齢を知る（齢査定《れい》）場合です。人口ピラミッドの動物版が重要なのはわかっていても、一筋縄ではいきません。日本人の人口統計では国勢調査の情報がもとになります。その調査官が〈ご年齢は？〉と相手に問えば答えが得られますが、動物は答えてはくれませんから、こちらで調べることになります。そのためには、たとえば、獣では歯の根元（歯根部《しこんぶ》）をスライスして見える年輪から、また鳥では骨や羽毛の状態、以前に捕獲され標識（足環《あしわ》など）が装着されていれば、その情報から年齢を調べます。しかし、こういった試料を得るには、死体ならともかく、生体では動物にもヒト（作業者）にも安全な捕獲法を知らないといけません。これは域外保全のため、野外に残された野生個体を安全に捕獲するうえでも重要な技術なのです。

そこで役に立つのが麻酔薬の投薬《とうやく》と不動化時のバイタルサイン（第1章参照）などのモニタリング、作業時に必発する動物の負傷への救急獣医療、二次感染の予防、歯牙《しが》・血液など検査材料の安全な採集などの理論・技術です。これら一連の流れをまとめると、歯・羽毛・骨などの分析では基礎獣医学（解剖学・組織学）、また、不動化や創傷《そうしょう》治療は臨床獣医学（外科学・麻酔学）に属します。つまり、こういったことに卓越した野生動物の獣医さん（③の㋑）あるいは動物看護師が、とても重宝がられることになります。もちろん、メインとなる増殖に関わる専門家との円滑な人間関係が築ける方は引く手あまたですよ。

第3節　増えすぎた動物をもどす獣医さん　——保護管理の獣医さん

〈増えたのは印象か、それとも事実か？〉　いろいろな場所で〈このごろ、○○が増えたよね〉的な世間話がたびたび交わされていると思います。○○にはイノシシ、シカあるいはクマ類などが入りますが、けっしてお天気談義のようなのんびりしたものではありません。たいてい、農作物の食害や自家用車との衝突、はてはヒトへの直接的な攻撃などの序奏として〈増えた〉話が口火となります。ここ北海道らしい被害としては、たとえば、用心深いヒグマが放牧中のウシを次々と襲ったり、イヤリングの無邪気な若いウマたちがシカにちょっかいを出して、枝角《えだつの》で腹部を深く刺され死んだり……。野生動物が話題にのぼるとすれば、前世紀までは前節のように、人類により圧迫され少なくなったあわれなやつをまもらなければならないとするのが普通でしたが、今はほぼすべて鳥獣害による被害だけです。

かといって、絶滅させるという極論ではなく、被害が起きない程度に減らす（有害捕獲や指定管理鳥獣捕獲など）あるいは殺さずに懲らしめて別の場所に放す（奥山放獣）などでしょうが、そうは簡単にいきません。まず、話の発端となる動物がほんとうに増えているのかどうかの見極めが必須で、それは個体群動態や保護管理などの保全生態学の調査研究によります。

幼いツキノワグマ

（畑の脇に設置したバレルトラップで捕獲、奥山放獣前に入口から多数の爆竹を投げ入れられ）**こわいよー、煙いよー。もう許しておくれよー。**

〈生息調査の実際〉ちなみに、冒頭の〈増えたね〉話は主観や勘によります。もちろん、主観をすべて否定するのは乱暴です。しかし、鳥獣害の低減に関しては、直接被害に遭われた当事者や共生を目指す動物愛護家などさまざまな考えの持ち主が関わります。一方、さらになんらかの方策を実施するにも税金が充当され、しかも、鳥獣は国民が共有すべき資源とする見方もされます。ですから、特定人物の主観でなにかを開始するのは人々が納得しません。科学（保全生態学）という中立な力を借り、増えた／減ったの結果を明確に提示します。

「いやいや、数なんてだれが調べても同じ。さっさと数えろ！」と聞こえてきそうですが、おいそれとはいきません。まず、神話〈因幡《いなば》の白兎《しろうさぎ》〉のサメのようにお行儀よくイノシシが並んでくれません。日本国民と違って戸籍も住民票もありません。ですので、保護管理の専門家が野山に入り、苦労して個体数を把握するのです。

たとえば、島に生息するシカの個体数を調べる場合、勢子《せこ》が横並びになって一糸乱れぬ状態でシカを追い出し、それを待機していた者が目視《もくし》カウントします。僕自身も、１９８3年3月、獣医大3年の春休みに北海道大学大学院（林学）が行った洞爺《とうや》湖のまんなかにある島での調査に、勢子として参加しました。こういった調査は僕にとってはじめてでしたが、上陸してからずっとシカの死体が目につき、異常なことが起きていると直感しました。調査リーダー役の院生らも興奮気味に、崩壊とかクラッシュとかを口にしていました。崩壊とはシカの個体数が餌となる植物資源を食い尽くし、例年を超える規模で越冬時に餓死する現象です。保護管理学の先進国、アメリカでは知られていましたが、日本で正式に記録されたのはこのときがはじめてでした。これも先ほど紹介した『ワイルドライフマネジメント』にしっかりと記されており、読後、一人、思い出にふけりました……。

〈環境収容力という強力ワード〉 崩壊に関連した大切なワード（概念）が環境収容力で、餌資源や営巣《えいそう》地など、その地域である動物が安定して個体群を維持できうる力です。しかし、英語ではなんとかパワーではなく、キャリング・キャパシティー、その単位は動物数の上限値で示されます。先ほどの島の個体群が崩壊したのは、それを超えるほどシカが増えてしまったと説明されます。また、環境収容力を超えた場合、島でなければ、餌を求めて農地に侵入し、獣害をもたらしたでしょう。

一度でも獣害起因種となると、あたかも社会の敵のような扱いをされる場合もありますが、だからといって、外来種を除き、完全排除（絶滅）はいきすぎとされるようです。つまり、ヒトに迷惑をかけない程度に抑え、穏やかに共存したいという風潮が前世紀末から徐々に定着してきたと思います。それは、野生動物が自然生態系のなかで重要な一員と認識されているからです。

そのために、地域ごとの環境収容力を把握し、それに達する前に、個体群が維持できる齢構成となるようにする。それが保護管理です。そのためには、まず、環境収容力の主体となる餌の資源量の把握が必要で、たとえば、問題となる獣が植物食性あるいは植物を中心に摂食する哺乳類であればドングリなどブナ科堅果《けんか》、クワの実など漿果《しょうか》の収量（豊凶《ほうきょう》）予測です。このような解析は林学の専門家が行い、人手のいる野外調査では獣医大生がお手伝いしても、獣医学の守備範囲外です。

なお、ここで述べたのは生態学的な環境収容力の話でしたが、これとは別に地域社会が許容できうる水準として、社会学的な環境収容力という概念もあります。こちらは社会・人文科学分野の専門家や行政担当者、そして地域住民が中心となってさぐります。もし、関わりたいのでしたら、その地域の住民への説明会などに参加しましょう。そして、獣医さんであることがばれてしまえば、専門家として意見を求められるはずです。

〈繁殖パラメータと害獣調査／駆除事業〉　前述の環境収容力は個体群増減に関する論議で、動物の体外にある重要な要因でした。一方、体内にある要因に関しては栄養と繁殖の状態が強く影響します。まず、栄養をつけ生き延びたら、次には増えること。いずれも、本能、いや遺伝子にプログラミングされた特質です。栄養に関しては後まわしにして、ここでは、繁殖について話します。繁殖の成否は妊娠・出生率、産児数、卵巣・精巣の状態などの要因が関わります。これらを一括して繁殖パラメータと呼びます。

　パラメータとは高校数学で媒介変数と習いました。つまり、座標点Pはyとxの組み合わせで決まりますが、この点は時刻（時間）tによって移動し、それをつないで曲線などにしますね。そのとき、fで始まる関数式が出てきて……もうウンザリ。それはともかく、このtが媒介変数です。これと同じで、繁殖成否は前述の要因などにより左右されますから、繁殖パラメータと名付けられたわけです。

　紙の上ではなく、リアルなパラメータを把握するには、臨床獣医学に含まれる臨床繁殖学の理論・技術を野生動物の卵巣・精巣・子宮の状態を見る際に応用して得ます。もちろん、繁殖パラメータの解析は希少種増殖でも必要で、そのため、野生動物医学の先駆者には、臨床繁殖学を専門とされる方が何人もいます。ところで、中高で学ぶ科目〈保健体育〉で扱われる性教育からでは、想像がむずかしいのですが、野生動物の交尾時期は決まっています。というのは、こういったことは快楽ではなく、負担なのでエネルギー（餌）を得やすい季節に設定します。もし、冬に子が生まれたら、餌がないので母乳をあげられません。そのため、シカなどは春に出産するように、さかのぼって発情・交尾を秋にします。それを季節繁殖といい、ヒトや家畜・家きん、実験動物のような季節を選ばない周年繁殖と区別されます。

しかし、繁殖パラメータや出産時期などが不明な種は、保護管理に支障が出ます。これを明らかにするため、捕獲個体の精巣・卵巣から発情年齢／時期を推定し、また、子宮に残された胎盤痕《たいばんこん》から産児数を明らかにします。保護管理の中心的な部分は捕獲作業で、相当なコスト（労力＝お金）がかかります。ですので、年から年中、手あたり次第捕獲するのはコスパが悪いのです。そのため、どの時期に捕獲すれば効果的に個体数を減らすことができるかをこういった作業を通じさぐっていくのです。

これが応用された例が、外来種アライグマの捕獲事業時期の設定です。環境省と北海道庁とが共同で実施していた事業で、僕が運営していた野生動物医学の専用施設を拠点に、アライグマの病原体をさぐるのと並行し、繁殖パラメータも調べました。そのため、施設創設前後の数年間、膨大な数のアライグマを調べました。その結果、この動物の出産期となるゴールデンウィーク前後での捕獲が効果的となり、獣医大生・院生や無職の獣医さんなどをその時期に緊急雇用し、一気呵成《いっきかせい》に捕獲作業をすることになりました。20年以上経ちましたが、今日でもこのような形で継続されています。

〈伝えることのむずかしさ〉 アライグマ調査に関連してとても苦い思い出があります。この事業を受託した時期は、２００４年の外来生物法施行と一致し、環境省／道庁のモデル事業でもあり、社会的に注目され、関わっていた獣医さんでもある担当院生に新聞取材がありました。彼は素直に、前述の時期に一斉捕獲を行うと妊娠個体や出産直後の母獣が捕獲され、とくに、後者では巣穴で待つ乳飲み子が餓死するので効果的と話しました。

そして、新聞には氏名入りで彼のコメントが掲載されました。ところが、その直後から多くのクレーム電話が当方の施設に寄せられました。飢えるアライグマ幼獣がかわいそう、じつに不快、自分の子どもがそのような扱いをされたらどう思うかなどなど……。２０００年代初頭にはそのようなことばはありませんでしたが、まさに〈炎上状態〉でした。その院生はかなりしんどい状況に追い込まれましたが、その後の人生教訓になっていると思います。

このように獣医さんには、社会に対して説明する機会が多く、そのとき、どのように伝えるのかはむずかしく、悩みます（いや、悩むべき！）。だからといって、〈ノーコメント〉は許されず……。さあ、どうしましょう。僕は一般の方にうまく伝える術《すべ》を考える前に、一般の方に現状を知っていただくことが先かなと思います。このような本を書くのもその一環です。

アライグマ母獣

（ゴールデンウィークに設置したトラップで捕獲され）こんなところで足止めされては、子どもたちが飢え死にするわ。早く逃げ出さないと……。

〈苦しみを与えない方法をさぐる〉その悩める院生（獣医さん）も含め僕たちは、野生動物医学の専用施設へ搬入された捕獲アライグマの処置で動物福祉に準じ、塩酸ケタミンという麻酔薬を通常の鎮痛《ちんつう》・鎮静《ちんせい》効果以上の投与量により、過麻酔状態で安楽殺していました。当然、不必要な苦しみは与えていません。しかし、後にこの薬物は麻薬指定され、都道府県知事の麻薬取扱研究者免許や保管専用金庫などが必要となりました。また、薬剤自体も、事実上、製造されず、ほんとうに困りました。

だからといって、こういった作業をする場合、安易な手段は許されません。家ネズミのように生きたままの水没は（第3章）、もってのほかです。有害捕獲などをする前に、動物にとって不必要な苦しみを与えない方法を獣医さんと相談し、十分、検討されますようお願いします。

〈もう少し獣医さんを頼ってください〉ついでに話させていただきますが、行動学調査のために位置情報を発信する装置を動物体内に埋め込むことが行われます。なかには獣医外科学の基本的な理論・技術も感染症対策への最低限の心得《こころえ》もない状態で、しかも適切な施設・器具を欠いた非常に杜撰《ずさん》な状態で、動物に対し高度な侵襲《しんしゅう》的処置が行われているようです。僕の勤務先大学構内でも、明らかに負担超過と思われる電波発信器を体内に埋め込まれ衰弱したアオダイショウが見つかり、僕の施設に運ばれたことがありました。このようなことが動物福祉先進国の欧米でもあり、その悲惨で残酷な事例が、先に紹介した『注文の多すぎる患者たち』にあります。

動物の健康を害しては、本来の目的である行動にも影響があるでしょうし、それがもとで死んでしまったら、むだな苦しみを与えただけです。また、ネット炎上してしまったら、ご自身はもちろん、後進の方の研究にも支障が生じます。ですから、野生動物の知識は生態学を研究される方々には遠くおよばないかとは思いますが、こういった動物個体に高度侵襲性がともなう調査研究を開始する前、日々、生きた体のなかに直接切り込んでいる獣医さんに相談してみてはいかがでしょう。必ずヒントが得られると思います。

アオダイショウ

（発信器を埋め込まれ衰弱した状態で運ばれてきて）鱗のどまんなかを切り開くなんて、ひどすぎる。それに、皮膚の下に埋め込まれたこの長い針金、動くにはじゃま！　もう、ダメだ……。

〈齢構成・ヒトへの感染は害獣管理で大切〉　齢構成把握の重要性については絶滅危惧種のところで述べ

ました。同様に、増大しつつある害鳥獣の個体群においても、対象種の人口ピラミッドを描き（前述）、今後の増え方を予想することから始まります。

また、個体群の崩壊時に生じた多数の死は餌不足（餓死）であったのか、それとも、別の原因であったのかをさぐるのはとても重要なことで、基礎獣医学（栄養生理学）や病態獣医学（病理学・感染症学）などが関わります。とくに、死因がヒトや飼育動物でも発症する感染症・中毒であった場合、予防（応用）獣医学（公衆衛生学・動物衛生学・毒性学）も関わるのは当然です。

加えて、管理・捕殺された野生獣を廃棄するのはもったいないという発想から、ジビエとしてヒトの食材や動物園で飼育される肉食獣への給餌に活用する動きが活発です。しかし、その際、懸念されるのが、こういった獣肉からの感染症です。ウイルス性疾患では生のシカ・イノシシ肉を食べたことによるE型肝炎ウイルス感染症、細菌性疾患ではシカからのサルモネラ症、腸管出血性大腸菌O157感染症などが知られます（以上、第3章）。

〈公衆／動物衛生の獣医さんが関わることも〉 豚熱によるイノシシ発症・致死の状況、高病原性鳥インフルエンザウイルスの野鳥における感染状況の把握は、家畜・家きんへの伝播を示唆する先触れとして、家保あるいは国立環境研究所の獣医さんたちが対応します。

前章で食肉加工に関し、枝肉について触れました。その際、と殺された家畜の栄養状態を知るために腎臓と周囲脂肪組織を枝肉につけるといいました。野生動物の場合も、栄養状態を知る目安としてその部分は重要です。しかし、死体はほかの動物の餌になり、腎臓も食べられてしまいます。したがって、次善の策として、上腕骨や大腿骨などを縦割りにして、なかにある骨髄の状態を見ることで餓死をしたのかどうかを推定します。もし、脂肪分がなくゼリー状になっていれば餓死と判断します。このように、公衆／動物衛生のスキルを持った一部の獣医さんが、こういった場面での〈影〉の立役者として活躍していることは心にとどめておきましょう。

〈法は職務を規定します。表向きは……〉 ところで、前記一文で影を括弧に入れたことについて補足します。法は人類社会を安定・維持するための仕組みです。しかし、融通が利かないのが玉にきず。ヒト／家畜の感染症で野生動物が大きく関わるとしても、ヒトはヒトの法律、家畜は家畜の法律として対象範囲が線引きされます。

しかし、感染症の病原体は人類社会の都合など無視。そして、そこにヒト／家畜の法律の対象外である野生動物が仲立ちしたら、僕らをまもるはずの法律が、突然、障壁となります。公衆／動物衛生の獣医さんは、それぞれの法律に準じ働きますので、たとえ〈野生が原因？〉と閃《ひらめ》いても、法律により行動制限されてしまいます。

でも、そこに、ほんの少しの改革マインドをお持ちの獣医さんと理解ある上司がいたら一気に進むことがあります。実際、そういった方々が、僕の運営した施設を何度か助けてくださいました。けっして、表には出ません。あたかも〈影〉のように。そのあたりが杓子《しゃくし》定規のＡＩとは違います。法と現実の境界はこのようなグレーゾーンであり、こと野生動物の現場では、そういった〈影〉のような方が行政サイドにいてくれ、なんとかまわしていました。法令順守（コンプライアンス）の昨今、グレーゾーンがどんどん拡大しているので、〈影〉の必要性はますます増加していますが……。

いずれにせよ、このような偶然性、個別性、柔軟性、そして、すべての基盤となる相互の信頼性と勇気の複合物が求められる理由は、野生動物に関しての法律が少なく、あっても罰則規定が弱いので実効性が乏しいからです。しかし、こういったことに現場人間のやる気だけに依存する〈やりがい搾取〉は、もう、限界にきています。

もちろん、行政を動かす最低限の根拠法はあり、そのひとつが〈減った／増えた〉種を対象にした鳥獣保護管理法です。前に述べましたが、この法に準じたアクションを起こすため、特定鳥獣保護管理計画が立案され、減らすための指定管理鳥獣を決めます。この計画を進めるため、夜間・市街地などでの発砲許可も検討される一方、有効な銃であるハーフライフル銃の規制が検討され、混乱しています。ただ、鳥獣保護管理法には救護に関係する規定もあります。長くて複雑なので、獣医さんが数学の次に苦手とする法律ですが（私見）、野生動物と深く関わりたい方は、関連法もおいおい理解する必要がありますね（絶対に！）。概要は『法獣医学』をご覧ください。

第5章

これからの獣医さんたちへ

第1節　獣医大で、今、なにを学ぶ

〈授業におじゃまさせてもらいましょう〉これまで獣医さんとその職について紹介しましたが、ここではその前段階、獣医さんの卵（獣医大生）がどのような勉強をするのかを紹介します。まず、獣医大生が学ぶ内容は、獣医学教育モデル・コア・カリキュラム（以下、コアカリ）という制度で規定されるので、どの獣医大も同じです。ですのでコアカリ全科目（分野）を見渡せばよいのですが、6年間の学びですからひとことではムリ。少々長くなることをご容赦ください。

さて、その〈学び〉ですが、講義と実習に大別されます。前者は学校と同じように、座って講義担当教員から教えを受けるスタイルです。ですので、座学ともいいます。後者は講義で得た知識（情報）を背景に、動物・標本・器具機械を使って学ぶ本番さながらのスタイルです。順序は各科目で講義が先、実習が後ですが、時間割の都合上、これが逆転していることもあり往生《おうじょう》しました。

講義が行われる場所は、キャンパスの建物内で最大300人が収容できる大講義室から60人ほどでいっぱいになる小教室までさまざまです。これは科目によって履修者数が異なるからです。講義時間は90分／回が15回で〈1単位〉、6年間で約180単位を習得しないとなりません。授業期間は前期（4～7月）と後期（9～翌年1月）に分かれ、それぞれの決まった曜日に講義があるので、1単位分の科目は、ちょうどテレビドラマのワンクールと同じです。

講義法は多くの科目でパワーポイントのスライドが使われます。スライドで要点を示しながら、コアカリ準拠の教科書あるいは独自の配布資料を用い進めます。僕もパワポは使いますが（野生動物学、魚病学など）、みなさんと年代が近い学生さんでは、ムシの形や生きざまなんて想像もつかないと思いますので、寄生虫（病）学では、中高と同じ板書スタイルです。また、ムシのことばかりではなく、この本で書いたようなそれ以外のコトも話します。毎回、大黒板いっぱいに書き（描き）込みますが、悩みの種は画力がないので、単純な形状のムシはともかく、動物（宿主）の画がいつも変です。不気味な仕上がりに対して、前列にお座りの方からの〈ひゃー〉という軽い悲鳴が聞こえますが無視します。

カマドウマ

（大講義室に飛び込んだため、ちょっとした騒ぎになり、つまみ出されながら）おいおい、こいつら、オレのことを見て、新種のバッタだ！　と騒いでるぞ。もっとも、〈便所コオロギ〉といわれないだけましか……。でも、いくらなんでも、バッタはないだろう、バッタは……。やれやれ。どうやらこの授業は寄生虫学みたいだが、昆虫の知識がこの程度なら、教えるのは、さぞやたいへんだろう。このセンセイに同情するね。

〈授業アンケートの悲喜劇〉　大学教員は教育法の訓練を受けてこないので（前述のように研究業績で採

用）、担当者によって授業の質に差があります。そして、ひどい授業に対しては、正式にクレームできる仕組みがあります。1クールの授業が終わった後、改善点や感想などを書く授業アンケートがそれです。それによると、板書スタイルはおおむね好評（画は酷評）、ムシ以外の余計な話が多いとの苦言もあります。もっとも、生きるうえで参考になったとか、卒論の研究室（あるいはゼミ、講座、教室など）選びでもあらためて相談したいなどの方が多いです。実際、研究室所属後の授業アンケートには、卒業研究の悩みを抱える方も。なかには死にたいとあるのは、さすがにつらいです。一方、僕の授業ではありませんが、パワーポイントを安易に使いすぎると〈パワーポイント・ハラスメント、これがほんとのパワハラ！〉と機知に富んだのもありましたね。センセイのみなさん、ご注意ください。もちろん、このアンケートは匿名で、どなたが書いたのかは僕にはわかりません。ですが、〈カマドウマのときはお世話になりました〉などと書かれますと特定されます。

ところで、僕がムシの講義をするのは在職期間の半分以下です。先任教員がいて強制待機でしたので。僕の場合、前述のように早期から野生動物学があったので、授業機会そのものには恵まれました。こういった背景には、獣医大の教員体制が一人の教授を頂点とする強固な組織（小講座制）であるからでした。医大ドラマの〈教授ポストをめぐりドロドロ〉となるストーリー展開のような素地です。ですが、今は、論文業績と研究費獲得により昇格するので、複数教授がいる研究室も普通です（大講座制）。逆をいえば、業績がなければ教授になれません。教授以外のセンセイの定年は5年早いので、死活問題なのです。また、このような民主的な状況では、授業負担も平等にしましょうとなり、今は若い教員も教壇に立つことが増えてきました。それはそれで、研究のパワーが削がれ、気の毒ではありますが……。

〈獣医大教育全体の枠組みと〈教養〉〉コアカリ科目群は①基礎獣医学教育分野、②病態獣医学教育分野、③応用獣医学教育分野および④臨床獣医学教育分野に分かれます。なお、③は第１章で日本獣医学会に従い予防獣医学でしたが、コアカリでは応用獣医学なのでそれに従っています。また、ご覧のように各分野名はとても長いので、以下では①＝基礎、②＝病態、③＝応用および④＝臨床とします。

あっ、いけない！　獣医の専門（課程）の前に、教養（課程）科目があり、数学、理科（生物／化学／物理／地学から選択）、体育、情報科学および英語ほか、英語以外の外国語、心理、文学、社会、歴史、法律あるいは経済などを学ばないとなりません。〈幅広い教養を身につけ、見識を広め、その後、専門を学ぶ〉という目的のためです。これはなにも獣医大に限ったことではないのですが、開講時期が悪すぎると思います。

大学新入生の多くがこれまでの学校から離れ、心機一転、専門性を身につけ、人類社会に自分の生きた証を残す期待に胸が高鳴っています。ところが、高校と同じような内容の焼き増しはかなりキツイです。このままでは、批判的な文脈で呼称される〈高校４年生であれ〉と命じているようなものです。

教養とはヒトが人間となるため、一生をかけ吸収して得るものです。とても大事というか、これを欠いては人間としてちょっと残念です。ですので、このお仕着せというかお節介が、むしろ教養という文化の集大成に対し、新入生のなかで過小評価される、あるいはマイナスイメージを植え付ける危険性はないでしょうか。

一方で、専門の知識は年々増大しています。しかし、大学における年限（総単位数）という入れものの容積は不変です。ですので、専門教育担当者からすると、〈教養科目〉のために奪われた時間がじつにおしいと感じています。そして、その結果が、旧《ふる》そうな科目・項目の廃止です。たとえば、真菌（後述）による疾病はどんどん教育時間が減らされ、その時間が先端的な内容に振り分けられています。しかし、国外では今なお危険な病原体です。帰国された方に変なカビがとりついていても、医師が診断できない状況も生じつつあります。これは医大の話ですが、きっと獣医大も同じになるでしょう。

いっそのこと、教養の開講時期を獣医師国家試験の準備中の6年に持ってきて、単位とは関係なく、受験勉強の疲れを癒す効用を期待してはいかがでしょう。あるいは、いろいろな病原体を教養生物学のモデルにして思いきり学ばせるのは？　僕自身、獣医学を〈わかる〉ために必要な進化や生態（究極要因）に穴ばかりを実感し、これを学ぶ教養や基盤教育の重要性は認識しています。

でも、まあ、大学教育における〈教養問題〉を扱うには、たいへんなエネルギーが必要ですし、もし、みなさんが変革したいのなら、然るべき立場に就いてやっていただくとして、ここは素直に進級のための単位取得をこころがけましょう。


〈やっと獣医大らしい教育に〉　さて、指定された教養科目の単位を取得できました。〈がまんしたけど、いったいなんだったんだ、教養って!?〉なんて思わず、死ぬまで書を読み、旅行し、多くの人々との出会いを通じ真の教養を身につけましょう。

やっと獣医コアカリにたどりつきました。先に掲げた①から④の分野となります。おっと、いけない！また忘れていました。これら以前に〈基礎導入教育〉が設けられていました。具体的には獣医学概論、獣医事法規および獣医倫理・動物福祉学という科目群です。

獣医学概論で獣医学・獣医療の概要や歴史を学びます。古代における動物と人類との関係、家畜や軍馬の獣医療の発祥などを知り、科学のあけぼの時代では医学との境界がはっきりしないことを知ります。しかし、この科目の主眼は、なんといっても獣医さんの多様な職域の紹介です。要するに本書で扱った内容を入れ代わり立ち代わり、現場の方に話してもらう形式の授業です。僕も担当者の一人として、第4章で触れた野生動物・園館分野の話題をコンパクトにした内容を話します。この科目は〈教養科目〉ばかりの1年前期に開講されますから、その分、新入生の期待度が半端なく、期待の眼差しが痛いほど刺さってきます。

獣医事法規は獣医師法全般などを学びますが、最近になり厳格化された動愛法に関しては獣医倫理・動物福祉学のなかで学びます。法令順守の世相を反映し、こういった関連法の知識を問う設問が獣医師国家試験にも数多く出題され、そこである一定の基準点を取らないと不合格となります。そのようなことから、油断できない科目ですが、まあ、獣医さんは国家資格にまもられた職ですし、国家／地方公務員の獣医さんも多数いらっしゃいますので、法規がわかってないと問答無用にダメです。

〈基礎その1　形は進化の表現型、ですが……〉お待たせしました。やっと、獣医さんらしい学びに入りますよ。まず手始めに（1、2年生）、基本のキである解剖学、組織学、発生学、生理学、生化学および放射線生物学と、臨床あるいは応用的な側面も含まれる薬理学、動物遺伝育種学、動物行動学および実験動物学を学びます。漢字は表意文字なので、それぞれの内容をくわしくお話ししなくても、なんとなくイメージできると思います。ほんとうに、日本語はありがたいです。

動物体内外の形態（形状）を知るコアカリ解剖学ですが、本科目の〈全体目標〉の対象が〈牛、馬、豚、犬、ウサギおよび鶏〉と明記されています。本書〈はじめに〉で動物名はカタカナとするとしましたが、コアカリの決まりをコピペしたので漢字です。鳥獣合わせ一万数千の現生種が存在しますが、たった6種である点に静かに驚きましょう。

これらが獣医学で扱う標準の動物なのです。また、形は進化・適応の結果で、もっともわかりやすい（目に見える）表現型です。そして、解剖学とは〈なんでこんな形に？〉という謎に迫ることのできるはずのサイエンスです。それが、たった6種でどうやって……？

まあ、これは手始めです。これらの骨格、筋、消化器、呼吸器、泌尿器、生殖器、内分泌腺、脈管、神経および感覚器を知らないとならないので、名前を覚えるだけでもたいへん（骨のみでも二百数十！）。実際の授業はこれを知るだけで終わります。〈なんで？〉のような進化・生態など究極要因的な説明はいっさいなしです。でも、ここでの学びにより、野生やエキゾなどを解剖しても、手元に見えるモノが〈なにか〉はわかることになるでしょう。もし、進化学的な疑問が生じたら、比較解剖学を専門とする教員の指導を受けながら、みなさんご自身で研究をしましょう。そのためには、さまざまな種の野生やエキゾなどを研究材料とします。ですので、野生動物医学には解剖学を専門にする方が多いのです。

解剖学には肉眼のみならず、細胞や組織を顕微鏡レベルで探る分野も含みます。それがコアカリ組織学です。それぞれマクロ（肉眼）／ミクロ（組織）解剖学といいますが、おもしろいことに、ミクロの対象種のほうは〈牛、馬、豚、犬、鶏および実験動物（マウス、ラット）〉と規定されます。先の解剖学の対象からウサギが削除され、その代わりネズミが加わっています。おそらく、実験動物関連の実務を反映したものだと思います。

それにしても、今日のイヌ・ネコの飼育数を鑑みれば（ネコのほうが多い）、マクロ／ミクロ両解剖学でネコをぜんぜん扱っていないのは驚きです。イヌをおさえればネコは自然になんとかなるとしたら、ちょっと違うと思うのですが……。ところで、高校生物で学んだ外／内／中胚葉の話題が、コアカリ発生学で登場します。これは、たとえば、薬物や感染症などにより奇形となるメカニズムを追及するには不可欠な学問です。

〈基礎その2　機能学は医学など生命科学と共通〉　コアカリ生理学や生化学も高校生物で学んだ生体機能（働き）の内容に関わり、〈全体目標〉にあるように〈主として哺乳類〉の細胞・器官の機能や生体恒常性（ホメオスタシス）、そして化学反応としての生命現象の理解となります。この学問は17世紀、ウィリアム・ハーヴィの血液循環論に始まった医学法則から発達した分野です。また、さらに発展させ、代表的獣医薬の作用の現れ方、その機序および体内での運命（代謝、分解、排泄あるいは蓄積など）に関する基礎知識について動物種差をふまえつつ学ぶのがコアカリ薬理学です。ミクロな世界では、もはやヒトも動物もほぼ同じですので、獣医学サイドの研究結果は、しばしば医学など広く生命科学のほかの分野にも応用されます。

動物遺伝育種学は家畜の品種改良など畜産学分野の主要学問ですので、獣医コアカリにあるのは意外かもしれません。ですが、家畜・ペットの遺伝性疾患がしばしば問題視されるので必要です。また、従来、動物生態学のなかで扱われてきた動物行動学が、コアカリにあるのも注目されます。ペットでの問題行動の治療・予防については④臨床にコアカリ臨床行動学が設定されていますので、ここではその基礎となる行動様式と行動の発現機序を学ぶことになります。

日本では１９８４年にはじめて、6年制の獣医さんが誕生しましたので40年経ったことになり、僕はその2期にあたります。さて、それまでの4年制からの課程に2年延長をした理由ですが、これからの獣医さんは新しい分野も学ぶ必要があるからとされました。そして、そのとき追加された科目が実験動物学、放射線生物学、魚病学（②病態）および毒性学（③応用）でした。ですので、これらは当初、新参者感がありましたが、今ではすっかり定着し、コアカリ実験動物学のように独自の専門医制度も設けられましたし、また、放射線生物学に関しては、広島・長崎の被爆体験に加え、２０１１年3月11日の東日本大震災福島原発事故で再注目されました。具体的な内容としては、実験動物学が遺伝、育種、繁殖、動物実験、動物福祉など全般的な実務に直結する理論・技術を、また、コアカリ放射線生物学のほうは獣医療で応用されている放射線治療に関する基礎と生物作用を学びます。

〈病態その１　病気（コト）の解明は診断の要〉 病態獣医学にはコアカリ病理学、免疫学、微生物学、家きん疾病学、魚病学、動物感染症学および寄生虫（病）学が配されます。解剖学・組織学・生理学などが正常な姿の解析なら、それが異常となった病気という現象（コト）の発生原因と過程を学ぶのが病理学です。似たような症状を示しつつも、まったく異なった病気であることがいくつもあります。そのままですと誤診しますから、しっかり分けないとなりません。それが類症鑑別という技術で（第１章）、この科目でその基礎を習得します。もちろん、病死あるいは安楽殺したばかりの死体（新鮮）の死因解明が病理学の主眼です。

しかし、対象とする動物が多いので未知の病気も多く、きわめて多忙な分野です。さらに、すごいのは〈病理学＝異常の生理学〉を通じ、正常について再び考えさせ、生きる仕組みにまで踏み込む生物科学でもある点です。なので、モノ（論文）にならない腐った死体を相手にするひまはまったくなく、『法獣医学』が誕生した素地にもなったわけですが……。

免疫という現象は自分と〈よそモノ〉をミクロのレベルで〈おまえは違うんだよ〉と決めつけ、排除する仕組みです。ちょっとむずかしいですが、〈自己・非自己認識機構〉といい、これを理解するのがコアカリ免疫学です。獣医療でも移植による手法が普通になるかもしれませんので大切ですが、それよりも〈よそモノ〉に対する感染予防（ワクチン開発など）で重要な分野ですね。

〈病態その2　病原体（モノ）にも格差〉この〈よそモノ〉の代表的なのが、感染症病原体のウイルス・細菌・ムシ・真菌です。ウイルスは生物学的には生物とはみなされませんが（前述）、コアカリ微生物学で教えています。この病原体はコロナ禍で周知されましたし、口蹄疫、豚熱、高病原性鳥インフルエンザなど家畜衛生の獣医さんを悩ます疾病が目白押しです。細菌はコアカリ微生物学や動物感染症学で学びます。このごろ話題になる人喰いバクテリアは連鎖球菌という細菌です。ムシはもういいですね。

ややこしいのは真菌、要するにカビやキノコの仲間です。最近の公衆衛生面の話題ですと、健康サプリメントにアオカビの毒素が混入した事件ですね。これ以外、秋になると毒キノコを食べて亡くなるなど、食中毒の原因となる印象です。加えて、感染症の病原体になる真菌もいます。真菌にはムシだとされていたが分子生物学的に調べたら〈真菌でした〉とか、逆に長年真菌として定着していたのにじつは〈ムシでした〉というのもあり混乱気味です。これは専門家の数がほかの病原体に比べ少ないからです。

たとえば、微胞子虫という原始的な真菌は前者の典型です。真菌なのだから、本来、微生物学で教えるのが妥当なのですが、〈いやいや、いまさら勘弁してよ〉となって寄生虫（病）学にとどまったままです。なので、とりあえず、勤務先では僕が教えていますが、じつに後ろめたいです。完成度の低い論文はあるものの、自分でいうのもなんですが、じつに曖昧な内容ですし……。

微胞子虫はヒト含む哺乳類や鳥類、また、養殖魚やエビ・貝類にも危ない病原体として感染し、さらには昆虫（ミツバチやカイコ）にも大きな病害を与えます。ですので、大切ですから中途半端な扱いはできないはずです。ですが、微胞子虫含め、そもそも寄生性真菌の全体像がよくわからない（研究されない）ので疎《うと》まれます。医大ですら真菌病の専門家は限られ、獣医大ではさらに少ないのです。

〈菌〉とつきますが、原核生物の細菌（古細菌・真正細菌）とはまったく異なる生きものです。もともと菌は〈きのこ〉と訓読みするように、真菌が本家本元です。でも、寄生性真菌の多くが細菌のように小さいので、少なくとも獣医学では細菌学の専門家が仕方なく教えています。なので、もう、増やしたくはないのが本音。微胞子虫はこれまでどおりムシ屋でというのはそのような背景からです。しかし、このような雑な扱いは危険です。ヒトでも動物でも、新興感染症に真菌が原因のものが少なくないので、真菌の専門家育成が急務だと思いますね。

〈応用　すべての学びを基盤に世界と向き合う〉 基礎、病態、そして後述の臨床と、すべての学びを基盤にして、応用獣医学が展開します。この分野のコアカリ科目として、動物衛生学、公衆衛生学総論、食品衛生学、環境衛生学、人獣共通感染症学、疫学、野生動物学および毒性学が配され、毒性学以外の科目内容は第3章および第4章で述べました。

コアカリ毒性学の目標は化学物質がヒト、動物および自然環境におよぼす有害作用を明らかにし、その防止における獣医さんの役割を知ることです。とくに、殺虫剤などを用い飼育動物を殺傷する事件も多いので、これを追及する犯罪科学としても非常に注目されています（『法獣医学』参照）。

〈臨床　内科・外科はわかるけど、繁殖って？〉臨床獣医学の各科目を身近に感じていただくため、ヒトの医療分野と結びつけてみるのがよいでしょう。まず、おなじみの内科系では、獣医学でもコアカリ呼吸循環器病学、消化器病学、泌尿生殖器病学、内分泌代謝病学、臨床栄養学、血液免疫病学、臨床薬理学、神経病学および臨床行動学（ペットの問題行動の治療・予防）が、次いで外科系ではコアカリ手術学総論、麻酔学、軟部組織外科学、運動器病学、皮膚病学、臨床腫瘍《しゅよう》学および眼科学が、さらに、産婦人科学に相当するコアカリ臨床繁殖学があります。ご存じのように、産婦人科はお母さんの健康をまもりつつ、赤ちゃんを無事に生み、育てるための医療です。しかし、生産重視の家畜では男性、いや、雄も大切ですから、臨床繁殖学は両性が対象となります。この科目について補足すると、臨床がつかない繁殖学は第4章で述べたような増殖を目的とした畜産学の主要分野のひとつです。一方、獣医学の繁殖学は、胎児を含む雌雄家畜の繁殖・増殖に有害な病気の治療・予防をする分野です。

２０２０年度の厚生労働省人口動態統計（第4章）によると、日本人が亡くなる原因のトップが癌《がん》を含む腫瘍です。①の組織学で学びますが、上皮という組織にできる腫瘍を癌と呼んでいます。たとえば、皮膚や腸粘膜などが上皮で、皮膚癌あるいは大腸癌などと呼んでいます。そしてペット保険会社の調べによると、イヌ・ネコの死因も同じく癌あるいは腫瘍がトップだそうです。獣医療術や栄養状態などの急激な向上からペットの寿命が延び続け、それにつれ腫瘍も増えました。

医大で総合診療医学の友人にこの話をしたところ、腫瘍は根治ではなく延命に主眼を置き、患者さんが質の高い生活をいかにおくるのかに配慮した対処が必要とのことでした。いわゆるＱＯＬですね。根治／延命はともかく、僕ら人間同様、いくら大切なペットでも最期のときはきます。ですので、腫瘍はその動物にとって豊かな生活とはなにか、ほんとうに長さ（量）が質にまさるのか、つまり、ただ生かせばよいのかなどをものうげに問いかけてくる病気ですね。

そうそう、皮膚癌で忘れてはならない重要エピソードとして、1917年、東京帝国大学医学部の山極勝三郎教授と獣医さんの市川厚一（後に北海道大学農学部比較病理学教室教授）が、ウサギに何度もコールタールを塗って、人工的に癌病変をつくった実験がありましたね。これは産業革命のロンドンで煙突掃除人に陰嚢《いんのう》癌が多く発生する記録にヒントを得たとされ、『うさぎ追いし　山極勝三郎物語』という映画にもなりました。むしろ、僕は医学・獣医学のコラボ事例、つまりワンヘルス研究のさきがけのひとつとして注目しています。

老猫《ろうびょう》

（豪邸内で大切に飼われ、今、脊髄の腫瘍で身動きができなくなり、その家の主人が隣で泣いている）

まだまだ至れり尽くせりの治療が続くようだが、もういい、十分だよ、ほんとうに……。それに、息するだけで苦しいのだよ。頼むから、楽にしてくれ……。

〈内科vs外科の思い出話〉動物の腫瘍に対しては化学療法のような内科系のアプローチもありますが、

最近では外科的なアプローチが普通になりつつあるので、ここではコアカリ臨床腫瘍学を外科系としております。このように内科／外科の境界は曖昧ですが、患者ともなる部外者の一人としては、ちゃんと治療していただければそれで十分です。しかし、どうでもいいといっては語弊がありますが、両科間には奇妙な関係性（因縁）があり、それが獣医学にも継承され……。

昔、外科医は①の解剖学者を兼業することも多かったのですが、同時に理髪師も兼ねました。もっといえば、下賤《げせん》な人間とみなされてきました。一方、内科医は手を動かすより理論に重きを置き、高尚な人々とみなされていました。これら印象は、繰り返しますが、あくまでも医学史上の古い話です。でも、その怨念が獣医大で吹き出したことがありました。

約40年前、僕が進学した大学院の歓迎会で、獣医外科学教授が〈内科が手に負えない患畜を引き受けている〉といって会場をざわつかせました。さらに、酔いにまかせ〈病理はなんでもかんでも知ってるが、（患畜は死んでるから）いつでも遅すぎるんだ！〉と比較病理学にも絡みだし……。わざわざ、医学の残念な関係性を獣医学にまで持ち込むのはどうかと思いますが……。その点、安心なのが（?）、外科・内科・繁殖の融合で対象動物別に設定されたコアカリ科目の産業動物臨床学および馬臨床学ですね。

加えて、現場の診断もこういった診療科群の垣根を超えます。ヒトの病院でもお馴染みのCTやMRI（第1章で紹介）などの原理・操作・解釈（読影といいます）などはコアカリ画像診断学で習得します。また、比較的大きめのヒトの病院では臨床検査室があり、専任の検査技師が所属します。しかし、その獣医版の技師はいません。コアカリ臨床病理学は獣医学のみならず、動物看護学にもあります。そうなると検査技術に特化した動物看護師が一手に引き受けることがあってもいいと思います。国家資格とはなっても、動物看護師は患畜を切ったり刺したりするような動物体内への侵襲《しんしゅう》的な行為は許されていません（第1章）。しかし、検査材料にもとづく作業は許されていますから、臨床病理学の実務はむしろ動物看護学でこそ重点的に行うのが望ましいと思います。

〈実習こそ能動的な学び〉　小中高校でも先生（教諭）による一方的な話ばかりではなく、理科実験のような自ら手足を動かす授業がありましたね。同じように、獣医大のみならず自然科学系大学全般では、理科実験のような実習という授業が数多くあります。ある意味、大学で自由を謳歌するつもりだった学生には、少々つらい試練となります。それに、これら実習は教員・学生とも多大な労力とお金、特殊な施設設備が必要なので、私大の場合、人文・社会系に比べどうしても授業料が高くなります。

さて、獣医大における実習で扱うべき科目も、コアカリで規定されています。科目群の特色は4年生最後の共用試験合格後に得る獣医さんの仮免許が必要かどうかで異なります。仮免前では基礎（解剖学、組織学、生理学、生化学、薬理学、実験動物学）、病態（病理学、微生物学、寄生虫病学）および応用の一部（公衆衛生学、毒性学）です。一方、仮免後では残りの応用（動物衛生学、食品衛生学）とすべての臨床（小動物内科学、小動物外科学、画像診断学、産業動物臨床学、臨床繁殖学、総合参加型臨床実習）となります。

要するに前半は、原則、生きた動物を使わない仮免不要のもので、解剖学や病理学では家畜の死体を材料にします。病原体を扱う実習では培養されたウイルスや細菌を使います。僕が担当するムシでは、おもに腐らないようにした標本を用いますが、第3章で話したアニサキスを生きた状態で見てもらうため、新鮮なホッケを配って調べてもらいます。本州以南では開きで有名になりましたが、北海道は丸のまま売られています。生きたムシに感激し、自宅で復習する学生も多いです。

「調べた後、お魚はちゃんと食べてあげたかな」

ときくと、

「はい、お母さんにおかずにしてもらいました」

とのこと。なるほど自宅生のようです。この子の母上なら40代ちょっとでしょうか。そうなると、いつも買うお魚は切り身であったと思います。なので、いきなり丸のままの魚を料理せよと娘にいわれて、ちょっと困ったかもしれませんね。僕のせいです……。でも、お魚が獲れる漁場ではたくさんの海鳥も死んでいます(くわしくは『挑戦』と『法獣医学』で)。そのような命も含め、むだにしないように話していましたので、きちんと食べてくれたのは、ほんとうにありがたいです。そして、次からは自分で調理をしてみましょう!

さて、仮免前の実習に戻ります。生理学や薬理学などでは例外的に生きた実験動物用マウスを使いますが、今日の獣医大は動物福祉が徹底していますので、できるだけ削減した数を使用します。この削減は第1章のスナネズミがいった〈3R〉に関わりますが、経済的な面もあります。たとえば、日本では現在、医薬品や化粧品などの動物実験で野生のカニクイザルというニホンザルの親戚を東南アジアから、毎年5000頭以上輸入しています。ところが、この動物の価格が数年前の10倍以上（1頭500万円近く）となりました（2024年6月現在）。この動物を扱う医学・薬学の研究者は緊張で手が震えるようですよ（でしょうね……）。

〈やっと生きた動物を使わせていただけます〉仮免後の実習でやっと生きた動物を対象にした学習が許されます。しかし、そこでも可能な限り生きた動物を使わない工夫がなされます。具体的には、外見はかわいくないのですが、体内の臓器や骨がリアルな米国製〈動物人形〉が使用されます。そういったものが集まったスキルスラボと呼ばれる部屋は、昭和の獣医さんの目には、きっと冗談のような異様な光景として映るはずです。しかし、それほどまでに動物福祉・倫理の考えが徹底している証拠です。

そういった古株獣医さんでも納得するのが、コアカリ総合参加型臨床実習のような獣医大に附属する動物病院内各科をめぐる実習です。そこでは、臨床のエキスパートである獣医さん（教員）が学生さんにピッタリくっついて手取り足取り教えています。これが世界標準であり、そのため若手教員を大幅に雇用することになりました。僕から見ると、だれが教員なのか、学生なのか、ときどき区別できないこともあります。放任された昭和世代にはこれも異次元です。そのような世代のみなさん、機会があったら、母校の獣医大を訪問されてはいかがでしょう。とくに、いつまでも現役を続けるぞと宣言された方は、二次診療の依頼という形で獣医大と連携しなければなりませんので、新しい獣医大の様子をご覧になっておくべきでしょう。

マウス

（麻酔作用の学生実習でエーテルガスを吸入し）**おいおい、何度、繰り返すつもりなのかな。確かに苦しくはないし、ふわーとして気持ちいいけどね……。ああ、また眠くなってきた……。**

〈もうひとつの能動的な学びとしての卒論研究〉 こういったコアカリ実習以外での能動的学びとしては、現在のところ、日本の獣医大は卒業するために、各研究室（ゼミ、講座、教室など）に2年半〜3年間所属しての研究があります。そして、論文を提出しないとなりません（卒業論文、つまり卒論）。これは研究の推進という大学の神髄に直結します。また、この遂行には多大な研究費が必要で、教員はその獲得でたいへんです。ですから、獲得実績も昇格の基準になります。僕も野生動物医学センター運営のために、環境省や文部科学省などの研究費を獲得するのに必死でした。今ではクラウドファンディングなどの制度もありますね。研究費にあたっても、もらいっぱなしではいけません。論文として世に出さないと、次につながりませんから（最悪、研究費返還も！）。

一方、同じく6年制の医大や歯科大には卒論はありません。また、欧米の獣医大でも同様、卒論がなく、その分、臨床技術の訓練にエネルギーが注がれます。ですので、将来的には日本でも卒論がなくなるかもしれません。なお、薬剤師を目指す6年制の薬科大薬学科では卒論が課せられているようで、一見、獣医大と似ています。でも、薬科大にはほかに4年制の薬科学科もあり、（獣）医系とシステムが異なり、一概に比較するのはむずかしいです。卒論研究はかなりのエネルギーが必要ですので、こういった大学を目指す方は、卒論の有無やその質などをご自身でしっかり調べることが必要です。

〈ムシ好きお医者さんの卵に告ぐ〉また、獣医大を目指す方は、当面、卒論があると思いますので、繰り返しますが、研究室選びでは先輩たちがどのような研究をしていたのかをしっかり調べること。そのためにとりあえずスマホで論文検索すること。また、次は自分が検索される側になることを強くイメージすること。卒論をあなたの名前で公表すれば、今度はあなたが検索される側なのです。そうなれば、専門医資格に近づけますし、第一、科学の進歩にも貢献できます。なお、なかには、美辞麗句ばかり並べ立て、ゼミ生を安易な労働力として利用する研究室もあるとききます。まあ、あくまでもうわさですが、賢い選択を期待します。

最後に卒論がない医大を目指す方へ。もし、生きもの好きがやめられないなら、そして、だいぶ少なくなりましたが、もし、在籍する医大にムシの研究室があるなら、その部屋に遠慮せず入り浸ってください。きっと、今より多くの日本人が近い将来、そういったモノに悩まされることになります。なぜならば、その分野の日本人研究者がほぼ絶滅しかけていますから。そうなると、あなたは、好む好まないにかかわらず、救世主となるはずです。それを強く思い、医大在学中にバディー（仲間）となるような獣医さん（獣医大生）を見つけておきましょう。そのツールとしてSNSもいいですが、対面の場となる学会・研究会には思いがけない出会いもあり退屈させません。

第2節　未来の獣医さん ——自分磨きで差別化

〈生物科学と獣医学との比較〉 以上、コアカリ獣医学の枠組みを眺めましたが、獣医大入学から国試までの道程がいかに長く、多様な学びであったのかが実感されたかと思います。しかし、少々乱暴にまとめますと、獣医大前半である①基礎と②病態が病気の生物科学、後半である③応用と④臨床が実践技術となりましょう。とくに、後半は卒業間際でもあるので、これまで本書で紹介した多様な職域で直接求められるような職業訓練的となるのは自然でしょう。

一方、前半は社会に出るまで時間的余裕があるので、大学らしく学問を落ち着いて味わうこともできるし、客観的・批判的にモノゴトをじっくり観察もできます。ですから、ここでその参考となるように、獣医学がほかの生物科学と比べ、どこが優れ、どこが劣っているのかの確認を試みましょう。〈獣医学に思い入れがなかったおまえになにがわかるのか〉ときこえてきそうですが、思い入れがない分、逆に冷静に判断できるかもしれませんよ。

まず、よい点。生物科学全般もほかの科学と同様、学問の発展にともなって、細分化するのが普通です。でも、これが著しくなると〈木を見て森を見ず〉状態あるいは〈蛸壺〉状態となり、学問分野としての方向性や全体像がぼやけてしまうことがあります。これが顕著なのはヒトの医学で臓器別、疾病別などに細かく分かれますが、肝心の丸ごとヒトへの全人的な視点が疎《おろそ》かになるというよくある指摘です。一方、獣医学は、最終的に動物個体丸ごとを対象にする原則は譲らないので、全体性を見失う危険性は少ないでしょう。

なお、なにげなく〈学問の発展〉としましたが、〈発展しやすい分野が発展〉のほうが正しいでしょう。たとえば、感染症の病原体でもウィルスは、実験室内で比較的容易に増やすことが可能であるし、コロナ禍のような研究発展を促す社会的な背景もあります。一方、ムシの多くが実験室内導入が困難であるし、そもそも研究を促すさしせまった状況もなかなかありません。そうなれば、ムシ研究が発展する理由がありません。ですが、獣医学では（あくまでも、今のところ）、マイナー分野にも目配りしています。これは、結果的に、獣医さんには、医学を含む生命科学全般に関し、ほぼすべての現象・領域を見渡すセンスが備わります。もっとも、その分、浅いですが……。容積一定ならば、広さと深さの関係は、あちらを立てればこちらが立たずのトレードオフ的な関係になるので仕方ありません。

次いで、ダメな点。以上のようにさまざまなモノゴトを知っており、たとえば、内分泌の機能的なメカニズムについては理解できますが、そのような性質が〈なんで、この種にあって、あっちにはないの？〉的な疑問のうち生態・進化の見方が苦手です。なにしろ、習っていませんから知りませんし、〈そんな余計なことは考えるな！　国試に落ちるぞ！〉で終わっていました。

しかし、だいぶ風向きが変わってきました。コアカリ野生動物学や動物行動学などでは、先ほどの〈なんで〉の答えとなる〈究極要因〉についても教育するので、今後は変わるはずです。なお、獣医学が得意とするのは形態・機能の〈至近要因〉的な、つまり生物科学の〈なんで〉という疑問のうち、ｈｏｗに相当する分野です。たとえば、〈アマガエルはコンクリートの壁にいると、なんで灰色になるの？〉について、ｈｏｗなら内分泌や神経、皮膚の色素細胞の様子などの体内の仕組みから理由が告げられます。

これに対し、〈究極要因〉のほうはｗｈｙで、アマガエルの体色変化に対し、捕食‐被食関係の生態や両生類の進化から説明されます。じつは、獣医コアカリ以前では究極／至近要因のような用語すら教えられていませんでした。現に昭和の獣医さんはご存じないと思います。なお、ＤＮＡ解析の結果をわかりやすく示す系統樹は、生物進化を解き明かすうえで重要なヒントを提示しますが、それだけでは進化シナリオは描けず、獣医学以外の動物学分野や地質学・古生物学・古地理学などの地球科学分野（高校地学の発展形）などとの連携と総合化が必須です。

また、進化・生態などたんなる趣味学問、自己満足とみなされそうですが、あくなき好奇心こそ、学問発展の原動力となります。あえて応用科学らしく装うなら、過去の移り変わり（生態・進化）を知れば、未来予測のヒントとなります。地球環境の激変が続くこの星で、とんでもない感染症のアウトブレークのような災害を防ぐ手段のひとつが、そういった予測をする技術開発であることは自明です。そして、このような異分野との連携こそ、真のワンヘルスにつながります。

〈医学と獣医学との比較〉国家試験に合格し、獣医師免許が交付され、晴れて獣医さんとなりました。なお、医師では医師免許交付後、診療に従事する場合は2年以上、都道府県知事が指定する規模の大きな病院で研修をする義務（研修医制度）があります。獣医師法でも研修規定はあるものの、事実上、努力目標です。このように医師／獣医師で若干の制度が異なりますが、学問の内容にも差異があるのでしょうか。これを知ることは獣医学の新分野創出のヒントになるかもしれませんよ。

たとえば、東京大学医学部の教育課程を参考にすると、言語・認知学や精神病学などは医学教育だけのようです。ただ、ことばはともかく、獣医行動学がこれらに比較的近接していると思います。また、近い将来の獣医学では、高齢化したイヌ・ネコの健康管理が重要な課題ですから、加齢医学が参考にされるでしょう。さらに、生体工学では、すでに一部実現もされていますが、動物の義肢《ぎし》、人工の鰭《ひれ》や嘴《くちばし》などの開発で促進するヒントが隠されているかもしれません。

気になるのは、医大における所定の修業年数や総単位数が増えるわけではないので、新分野が医学教育に取り入れられるたび、一部科目が削減／消滅されないとなりません。そのひとつがムシです（何度も前述）。ある外国に滞在中、ムシに感染し、帰国後に症状が出て、受診してもわからなかったり、便に含まれたムシのような姿のモノを見て寄生虫病と誤診してしまったり、そのため、真の病因を見逃したり等々、医大における寄生虫（病）学不振による悲喜劇が起こらないとも限りません。そのようなことにならないように、衛生状態のよくない国に滞在する予定の方や動物とふれあうことが多い方などは、ムシの知識を蓄え、逆に医師へヒントを与えるほどになったほうが安全です。

獣医学のほうは、少なくとも、ムシの科目（寄生虫学あるいは医動物学など）が重視されるので、医学から相談されることを念頭に、とくに、公衆衛生分野の獣医さんはスタンバイをしておきましょう。おっと、新分野の話ですね。ここでは東京大学の教育課程には見えませんでしたが、東洋医学あるいは漢方医学に獣医界から熱い視線が送られていますので、その話を少しだけします。

〈欧州起源の学問のみならず〉学校で学ぶ理科は古代ギリシャ時代や古代ローマ時代、欧州に起源した自然科学が底にあり、その応用である医学・獣医学も同じです。あまりにもあたりまえすぎましたので、本書では、わざわざ西洋医学・西洋獣医学のような表現はしていませんでした。しかし、東洋医学が出てまいりますと、西洋〇〇としなければなりません。察しのよい方は〈獣医界でも漢方医学（中国伝統医学）があるの？〉という反応かと思います。ええ、あります。中獣医（学）と称され、僕が勤務する獣医大でも授業があり、イヌ・ネコへの鍼灸《しんきゅう》やあん摩、漢方薬の服用など流血をともなわない治療（非観血的療法）の理論と実際について教育されます。

しかし、現時点では中獣医はコアカリや獣医師国家試験範囲の正規なものではなく、獣医さんの考えに応じた選択肢のひとつとしてとらえられているようです。また、ヒトでの漢方関連の国家資格である鍼灸師、柔道整復師、あん摩マッサージ指圧師などは獣医療関連にはありませんから、これに近いことを獣医さんの一部が試行しているのでしょう。さすがに、経過が早く深刻な症例では中獣医を用いることはないとしても、原因不明の体調不良や個々のペットに合わせたケアなどの際、飼主さんのほうから強く要望されるようです。そのため、獣医さんとなった後、中獣医の民間資格を取得される方が徐々に増えつつあり、実際、第1章で紹介した動物病院でも専用の施術室がありました。そして、2019年、日本獣医師会が決めた診療行為に診察・診断・治療を行う場合の鍼灸を認めたほど浸透しています。

現在の獣医学は近代医学とその基盤となる生物科学のなかで発達してきましたが、これらと漢方医学とはかなり異なった学問体系を有しています。ですので、本書のような限られた器で、素人の僕が踏み込んで論議するのは不可能です。ただひとつだけ確かなのは、いわゆる漢方ブームで乗っかってみたら、〈機序はわからないけど、たまたま結果オーライみたい〉というのは、いくらサービス業であっても危険です。第一、顧客や実験される患畜にもたまったものではありませんから慎重にお願いしたいです。

なお、漢方医学だけに限っても、中国の北（黄河文化圏）と南（江南文化圏）とで相当異なっているようです。僕のような門外漢が眺めても、中獣医はそれらが混合された印象です。また、このような古代医学が獣医学全体の発展に寄与するのなら、アユルベーダ医学（インド）、ユナニー医学（イスラム文化圏）、チベット医学なども公平に検討されてはいかがでしょう。頭部の外科術に限っても、古代インカ帝国ほか世界各地で行われていたのは有名な話です。これらのなかには初期の西洋医学にも影響を与え、かつ一部は現在の欧米人もひきつけているようですし。

柴犬
（中獣医の施術を受けつつ）そんな長い針、どうするつもり？　えっ、わたしに刺すの。絶対無理だってばー。勘弁してー。

〈獣医さんに外科医や歯医者がいない？　いえいえ、専門獣医が誕生中！〉さて、医学にあって、獣医学にはないの話ですが、東京大学含む90近い医大すべてにあり、寄生虫学のように、けっして消えない分野がありました。それが法医学で、その獣医版が〈法獣医学〉ですが、『法獣医学』に譲ります。

ところで、ヒトでは内科、外科、産婦人科、眼科、放射線科、麻酔科、病理、臨床検査、総合診療科などの各診療科の医師と、さらにこれらに加え、歯科医師が別に存在します。獣医さんではそのような分かれ方はせず、一見、なんでも屋のように見えますね。

確かに、本書でも登場する昭和世代の獣医さんは、一人でなんでもやるイメージでしたが、平成・令和世代は都市部を中心に専門に分かれる傾向にあります。その例が、前項で触れたばかりの中獣医です。このように、獣医大を卒業した後も勉強を続け、自身をプロデュースし、特色ある資格を身につけるのが、獣医さんのトレンドになりつつあるのです。それが学会認定医／専門医の制度で、コアカリの科目に準じても、実験動物（基礎）、病理（病態）、麻酔、画像診断、腫瘍、エキゾ・鳥（以上、臨床）、そして野生動物（応用）などで専門の獣医さんが続々誕生しています。なお、最後の野生動物は日本野生動物医学会の認定医で、野生よりも園館獣医さんのほうが多く、事実上、そういった方面の専門性を担保する資格です（くわしくは『挑戦』）。

ところで、ヒトでは医科／歯科は別々ですが、動物では獣医歯科学のように独立せず、コアカリ消化器病学内でほんの少し扱われている程度です。だからといって、動物の歯牙・歯肉疾患がヒトと比べて少ないわけではなく、むしろ増えつつあります。その背景に、先に述べたペットの高齢化や餌の変化などがあります。そして、第1章の動物病院のように、歯石除去や口腔疾患の検査はすでに日常業務となっております。よって、近い将来、せめてコアカリでは獣医歯科学を独立科目にし、しっかり教育せよという要望が出てくると思います。現に、日本小動物歯科研究会という獣医師会関連団体では認定制度があり、多くの獣医さんが認定されています。

こういった認定の制度には大きく分け、①所定の研修を受け〈がんばりました〉という証（これをサーティフィケートといいます）を得るタイプと、②受験資格をクリア後、筆記・口頭・実技の厳しい試験に合格して証明書（こちらはディプロマです）を得るタイプの2種類があります。後者②の場合、受験資格を得ること自体がたいへんで、関連分野の経験年数と症例数、公表論文数などの厳しい条件があります。たとえば、前述した日本野生動物医学会の専門医資格を得る場合、まず、論文の最初に記される著者（筆頭著者）として専門誌に公表された論文2本が必要です。自然科学系の論文では複数の著者で発表されることが多く、筆頭著者が、その研究への貢献度がもっとも高いという約束があるのです。ですから、2番目でも、3番目でもなく、筆頭なのです。

しかし、これがとてもキツイので、もし、この専門医を目指すなら、卒論内容を公表して1本確保しておくこと。この本でも何度も記したとおりです。なお、公表論文自体が自分のキャリアに有利なのは獣医学以外でも同じです。研究室によっては、これもしつこいですが、論文公表しない方が運営する場合があります。また、論文は出しても学生を論文著者としない場合もあるときききます（前述）。ですので、研究室選びの際は、これをきちんと調べること。

第3節　獣医大入学前に……

〈進路に悩む高校生〉本章冒頭で獣医大生の学びをおおまかに眺めましたが、高校の多くの科目が、教養課程はともかく、獣医学を学ぶうえで必要なものが多そうです。学校の授業中〈将来、なんの役に立つのか〉と憤慨した方もいらしたでしょうが、じつは、獣医さんの職をこなすうえで有益なのです。獣医大の学びにつながるとわかれば、日々の勉学に前向きになると思います。

さて、その獣医大ですが、毎年、総定員数（1070人）に比べ入学希望者が多く（3～5倍）、どうしても難関というイメージがつきまとっていましたが、ひところに比べればだいぶ落ち着いてきたと感じます。学力入試以外（小論文、面接）の方式もあり、別大学を卒業した方（学士）や社会人対象の制度などもあります（後述）。そういったさまざまな背景をお持ちの方が獣医大に入学することで、獣医学がより活性化します。いずれにせよ、貴重な青春の日々を入試という猛勉強にあてるわけですから、この時期を利用して、将来、少しでも優れた獣医さんとして生きるために必要な知識を蓄えることができれば、お得だと思いませんか。

現在、中学を卒業した約98％の方が定時・通信制を含めて高等学校に進学しますが、進学時ではどのような職に就くのか決めかねている方が大半かと思われます。高校生の約７割が普通高校（普通科）に在籍するのが証拠でしょう。普通科以外では、工業・商業・看護の各科高校に加え、今では音楽美術・国際外国語・理数や普通科と専門の両方の要素を有する総合科があります。このなかの農業科から獣医大へ進学する方は想定内ですが、商・工業高校から入学された方もいます。商業系／工業系に興味を示したのでそのような高校を選びましたが、在学中に変わることもあるのです。獣医大生でさえ〈はじめに〉で触れたように迷いが生ずるので、15歳あたりで決まらないのは当然です。

ですから、とりあえず、部活で汗を流しながら、のんびり考えるのでいいと思います。僕もそうでした。１９７０年代でしたので、運動中は水を飲めず、終了後、蛇口から飲む水で生き返ったものでした。半世紀経ち、世界中を訪れましたが、あのときの水道水を超える味の水に出会っていません。それだけでも高校時代は人生の宝物と思うことができます。

でも、そのような悩める高校生も最終的には６割以上の方が短大含め大学を受験します（２０２４年で約62・４万人）。こういった受験生のうち１％未満が獣医大を目指し、さらに五分の一以下が実際に入学します。でも、このように絞り込まれても〈はじめに〉で述べたように迷うのです。それほど、20歳前に職を選ぶことはむずかしいのです。いや、新卒で就職後、3割が3年以内に離職しているときさます。やっぱり違うとでも感じたのでしょう。ですから、高校生のみなさんが進路に迷っていても当然なのです。

ハシブトガラス

（ねぐらに入る前に集団となったハシブトガラスの1羽が電線の上から帰宅する高校生たちを眺めながら）**ほんとうはオレ、集団行動苦手なんだけどなあ。仕方がない、生きていくためには……。それにしても、あの人間らも、相当無理をして群れていると思うんだがなぁ……。**

〈獣医学につながる高校理科〉だからといって、なにもしないのはもったいないですね（僕も後悔しています）。高校で習う科目には、前述のように獣医学・獣医療と密接に関わるものが多そうですし、たとえ最終的に獣医さんを目指さなくても別分野で使えます。これを〈つぶしがきく〉と表現します。

たとえば、理科のうち、物理・化学は獣医機器や薬物、さらには放射線生物学などでも関わります。放射線は画像診断でも使われますが、腫瘍などの治療としても使われます。これを知らないと、たいへん危険でもあると第1章で述べました。もちろん、これは獣医さんだけに求められるものではありません。医歯薬系は当然、農林水産系でも必要です。もし、動物を殺さないで食料資源を得ると決心した方（第３章）は、生物や化学などの有機化学の知識が大切です。

理科には地学もありますが、こちらはどうでしょう。地学でも天文系ではなく、地史系、つまり大地や古生物などの地球の歴史（進化）は、地理歴史の（自然）地理とともに、動物と病原体の広がり方を理解する基盤として重要です。これだけ地震や火山が多い国で〈生き残る〉ためにも、また、同様な性質が温泉や清流などの資源・景観も生み出し、〈観光立国〉発展のためにも、地学を学ぶ必要があります。地学履修者は少なく、その理由は受験戦略的に不利らしいからです。担当の先生すら、ご自身を〈絶滅危惧種〉などと揶揄《やゆ》します。でも、個人的な不利有利を排し、万民公平なのが大学入試ですからおかしな話です。もし、獣医さんを目指し、かつ、地学も興味があるなら、受験戦略から離れても、しっかり勉強してみるのもいいでしょう。

実際、第４章で〈恐竜の獣医さん〉の話を理解するうえで、地学の知識が必要だと直感したでしょうし、地球環境の激変による感染症の広がりについて理解するのにもまず地学です。温暖化は化石燃料（石炭・石油）による二酸化炭素の急増ですから、過去の大気の状態に戻るだけという見方もできます。燃料のもとは地球にあったもので、それが古生代後半から中生代に化石化して、それを今燃やしているのですから。そのような環境に適応する動物の診療をするのだから、やはり、〈恐竜の獣医さん〉の出番、そして、その基礎は地学です。

〈情報と数学、そして英語！〉基本的に、パソコンやスマホを使いこなせない僕は、高校の正規科目として情報を学ぶみなさんが、じつにうらやましいです。もちろん、情報で学ぶ内容は獣医学でも重要で、たとえば、地理情報システム（ジー・アイ・エス）は動物疾病の疫学調査では不可欠ですし、患畜の情報も電子カルテに記入されます。それに、今後は獣医療、とくに、遠方にある牛舎などでは遠隔診療が普通になっていきます。そうなると、これに関連するソフトやハードの知識・経験は必須です。獣医さんの鬼門である数学も、公衆衛生の健康統計や野生動物の個体群の解析では、統計・確率が密接に関連していたのは驚きでしたね（第4章）。病原体や鳥獣の増減は曲線で示され、そのもとになる関数の複雑な数式を自分で表現したり、ライバル研究者のものを読み解いたりすることが普通です。

大切な外国語は、事実上、英語のみであり、たとえば、獣医学の論文は英語で書かれていることから、その読み書きは必須です。また、語源に明るくなると、長ったらしい獣医系専門英語（表音文字の羅列）が漢字（表意文字）のように〈わかる〉ので、理屈抜きで楽しいですよ。余裕のある方は、フランス語やスペイン語などラテン系を学ぶと、ローマ時代の死語〈ラテン語〉にも親近感が湧き、動植物（獣医学でも薬草が多い）やムシ含む病原体の学名を〈わかる〉ことにつながります。また、同じ理由でギリシャ語もさらっと見ておきたいですね。

もちろん、国語のうち漢文は、中国語理解につながるでしょう。僕のユーラシア大陸での調査（放浪に近い）について話しましたが、1990年代前半の中国では英語は通じませんでしたから、最低限の中国語は必要でした。ついでながら、当時の極東ロシアも同様でしたので、ロシア語のアルファベット

〈キリル文字〉を読めると便利でしょう。現在は、あのときとは社会情勢はかなり違うし、いざとなればスマホなどが普及しているので、それほど心配しなくていいとは思います。ただし、僕自身、スマホを持っていないので、たんなる想像ですが……。

〈中味のないしゃべりは……〉最近の授業としての英語では、コミュニケーション重視であって、昭和の英語教育を受けた者にはうらやましい限りです。とくに、ヒアリングはつらいですね。僕はロンドンの野生動物医学の専門職大学院にいたのでわかりますが、あちらの幼稚園児のようなヒアリング能力で暮らしたので、とても苦労しました。でも、負け惜しみではありませんが、たとえ流ちょうに話しても内容が空疎では、せっかくのコミュニケーション力＝会話能力が台なしです。そこで活躍するのが、高校で学ぶ地理・歴史・芸術はもちろん、保健体育の日本武道、家庭科の日本料理と特殊な所作などで自分の国に関する知識で武装し、臨んでほしいと感じます。僕の高校時代の部活は剣道でしたが、その話をすると〈サムライ〉とみなされ、たいへんおもしろがられました。

〈公民〉と名付けられては皆目見当がつきませんが、政治・経済、倫理および（かつての現代社会）公共を含む科目となれば昭和世代でもわかります。『法獣医学』で変質した死体を扱っていると、食料や燃料の輸入、水の供給、動物虐待や密猟、感染症の蔓延《まんえん》など日本社会の諸問題が見えてきました。でも、しょせん、僕ら獣医さんは社会の末端です。もし、問題意識を持ったら、自身が政治家になって変えるしかありません。また、動物の命を奪わないために起業した新会社を安定的に維持するためにも、経済やその延長にある経営は必須です。さらに、倫理なき経済の罪深さも、本書で何度か申しました。以上の初歩を公民で学ぶわけですね。

〈やはり日本語が基本〉　先ほど獣医大では英語論文が大事と申しました。しかし、だからといって、日本語、すなわち、国語をないがしろにしてよいことにはなりません。同じ多くの日本人に、あなたが経験した獣医療上の経験をわかってもらうには、ちゃんとした日本語でも書かないとダメだと思います。とくに、野生動物医学やワンヘルスのような新しい学問ではそうです。

僕自身も獣医大で生き残るために英語の論文は書きましたが、日本語のもののほうが、ダントツ多いです。同僚教員からは〈日本語で書くのは自慰行為〉と批判されましたが、結局、やめませんでした。この本を書いている2024年5月時点で、英語論文は約200本でしたが、著作・刊行物（雑文）計約1200本のうち2割にも満たないのです。自国の社会になにか示す場合、やはり日本語です。実際、この本も日本語でしょ。しかし、こういったものを作成するたび、つくづく日本語のむずかしさを痛感しています。それはそれとして、大学の推薦入学では小論文の配点が大きいので、モノを書く訓練をしておくのは実利的でもあります。

なお、本書の主要な読者を高校卒業直後に大学進学をする方を念頭に置いて書きましたが、実際には非獣医大に進学後、獣医大に学士入学する方も多数います。このなかには、卒業した後、いったん就職してから退職、再び大学に入る社会人専用の入学制度も含みます。人々の健康寿命が延び、セカンドキャリアとして獣医さんになるのもよいと思います。たとえば、この獣医さんのように……。

勤務先には海洋学の大学でイルカの生態・保護の研究に従事後、獣医大に学士入学、そのままその獣医大の教員となった方がいました。『イルカと生きる』（粕谷俊雄［２０２４年］東京大学出版会）で、偶然、その獣医さんのお名前を見つけましたが、現在はご自身で動物病院を経営され、イヌ・ネコの動物愛護活動にも熱心です。若い時分の熱き思いがこのような形で結実するのを実見でき、感動をおぼえました。いやいけない、話を戻しますが、学士入学の試験でも小論文がカギを握ります。つまり、日本語がとても大事なのです。

おわりに

２０２４年６月中旬、獣医療概論担当の僕にとっては、最後となる授業を終えたころ、本書の原案が完成しました。その受講者のうち何人かは、来年か再来年、〈はじめに〉で描写したように将来に迷いが生ずるのでしょう。残念ながら、その相談相手となれませんが、この本が解決の一助となればうれしいです。

本書では、身近な動物病院ではイヌとネコなどのほか、ちょっと変わったエキゾと向き合う獣医さん、ウマやウシなどの家畜の健康をまもりながら、農家さんを助ける獣医さん、衣食住を通じヒトの健康を陰から支える獣医さん、ペットへのいじめを防ぎ、健全な社会維持に貢献する獣医さんなどの獣医療について紹介しました。一方、野生動物の場合は職としての傷病個体を救うというより、希少種保全や保護管理という減った／増えた個体群に対応する獣医さんがいましたね。また、捕獲された野生動物は、ヒトが食べ、あるいは園館で餌にし、その検査で公衆／動物衛生の獣医さんが関わりました。これらさまざまな獣医療の実際を可能な限り具体的に例示しました。

以上のような多様な獣医療を支える教育として、現在、獣医大で行われる教育内容の概要と卒業をした後の学びを眺め、将来の獣医学で注目される分野も示しました。そして、高校から獣医大に入学する場合の学びの連携について、日々の学習がそれぞれどのような形で獣医学と関連するのかも提示し、獣医大を目指す高校生のヒントとなるよう試みました。こういった僕からのメッセージが、みなさんにきちんと伝わればうれしいです。

最後に本書原案を一読いただき、貴重なコメント（さらに激励）をくださった次の獣医さんたちにお礼を申し上げます（五十音順、敬称・職階など略）。石﨑隆弘（酪農学園大学獣医学類医動物学ユニット）、大庭千早（北海道後志家畜保健衛生所）、小髙真紀子（福岡県農林水産部畜産課）、澤田謙治（高橋動物病院）、杉浦智親（酪農学園大学獣医学類動物生殖学ユニット）、妙中友美（ノーザンファーム）、早川大輔（愛知県食品衛生検査所）、星野信隆（酪農学園大学附属とわの森三愛高等学校）、盛戸正人（福井県坂井健康福祉センター）。いただいた高見は当方が一部変更したので、誤りがあるかもしれませんが、それを含めて、もし、本書にマイナス面があれば、すべて僕の責任です。一方、もし、なんらかのプラス面があるのなら光明義文さん（東京大学出版会編集部）の功績です。職責で苦悩し自死された獣医さん（第3章）と苦悩する数多《あまた》の獣医大生に加え、彼の強力な後押しが本書を誕生させたのですから。

浅川満彦

参考文献

本書作成では、あらかじめ僕が書評（書籍紹介）した文献書籍を参考にしました。僕が担当する獣医学教育が多岐で（広く浅い）、さまざまな関連著作から知識（ネタ）を吸収する必要に迫られました。そして、知識を定着させるため、学術誌上に書評を投稿するようになりました。２０１９年までに刊行された分は『酪農学園大学野生動物医学センターWAMCメンバーによる書評・書籍紹介集（書誌情報は『挑戦』巻末）』に収載され、それ以降分は次のウェブ資料上に示しました。小綿ななみ・浅川満彦［２０２３年］、「酪農学園大学野生動物医学センターWAMCにおける研究・教育活動総括」『酪農大紀、自然』48巻。評した本の多くが東京大学出版会刊で、獣医学・獣医療に人文科学系の著作も豊富でした（浅川満彦［２０２３年］「野生動物医学研究者がみた図書目録」『UP』（東京大学出版会）６‐２号）。本書のような短めの本でも、書き上げるには多種多様で、多数の文献を参考にするものだと再確認しました。もちろん、全文献を示すのは無理。そこで、ここでは本文中で引用したもの、上記の二次的な資料内で示した書籍情報、さらに僕の最新著作で〈主著〉の一覧は割愛して、これ以外の文献にとどめました。

【はじめに】
バーバラ・N・ホロウィッツ、キャスリン・バウアーズ［2014年］『人間と動物の病気を一緒にみる』インターシフト
中山裕之［2019年］『獣医学を学ぶ君たちへ』東京大学出版会
中山裕之［2022年］『獣医師を目指す君たちへ』東京大学出版会

【第1章】
BIRDER編集部（編）［2023年］『羽毛恐竜完全ガイド』文一総合出版
猪熊　壽・遠藤秀紀［2019年］『イヌの動物学［第2版］』東京大学出版会
カトリーナ・V・グラウ［2021年］『鳥類のデザイン――骨格と筋肉が語る生態と進化』みすず書房
菊水健史・永澤美保［2023年］『ヒト、イヌと語る――コーディーとKの物語』東京大学出版会
中村進一［2022年］『獣医病理学者が語る動物のからだと病気』緑書房
佐渡友陽一［2022年］『動物園を考える――日本と世界の違いを超えて』東京大学出版会
サイモン・J・ガーリング、ポール・ライチ［2017年］『爬虫類マニュアル［第2版］』学窓社
綿貫　豊［2022年］『海鳥と地球と人間――漁業・プラスチック・洋上風発・野ネコ問題と生態系』築地書館

【第2章】

遠藤秀紀［2019年］『ウシの動物学［第2版］』東京大学出版会

近藤誠司［2019年］『ウマの動物学［第2版］』東京大学出版会

近藤誠司（編）［2021年］『日本の馬——在来馬の過去・現在・未来』東京大学出版会

獣医衛生学教育研修協議会（編）［2024年］『動物衛生学［第2版］』文永堂出版

山内太郎ほか（編）［2022／2023年］『サニテーション学　全5巻』北海道大学出版会

【第3章】

羽澄俊裕［2024年］『外来動物対策のゆくえ——生物多様性保全とニュー・ワイルド論』東京大学出版会

池谷和信（編）［2021年］『食の文明論——ホモ・サピエンス史から探る』農山漁村文化協会

岡本　新［2019年］『ニワトリの動物学［第2版］』東京大学出版会

島田卓哉［2022年］『野ネズミとドングリ——タンニンという毒とうまくつきあう方法』東京大学出版会

志村真幸（編）［2023年］『動物たちの日本近代——ひとびとはその死と痛みにいかに向きあってきたのか』ナカニシヤ出版

田中智夫［2019年］『ブタの動物学［第2版］』東京大学出版会
渡部大介［2021年］『おもしろいネズミの世界』緑書房
ウィリアム・J・ベルほか［2022年］『ゴキブリ――生態・行動・進化』東京大学出版会

【第4章】

羽澄俊裕［2022年］『SDGsな野生動物のマネジメント――狩猟と鳥獣法の大転換』地人書館
日本哺乳類学会（編）［2023年］『日本の哺乳類学百年のあゆみ』文永堂出版
日本野生動物医学会（編）［2023年］『コアカリ野生動物学［第2版］』文永堂出版
佐藤喜和［2021年］『アーバン・ベア――となりのヒグマと向き合う』東京大学出版会
柳川　久［2024年］『北の大地に輝く命――野生動物とともに』東京大学出版会

【第5章】

朝日新聞取材チーム［2024年］『野生生物は「やさしさ」だけで守れるか？』岩波書店
三浦慎悟［2018年］『動物と人間――関係史の生物学』東京大学出版会
佐藤　淳［2024年］『進化生物学――DNAで学ぶ哺乳類の多様性』東京大学出版会

［著者紹介］

浅川満彦（あさかわ・みつひこ）

1959年　山梨県に生まれる。

1983年　酪農学園大学獣医学科卒業。

1985年　北海道大学大学院獣医学研究科中退。

2001年　ロンドン大学王立獣医大学校／ロンドン動物学会共同開講野生動物医学専門職修士Master of Science in Wild Animal Health課程修了。

現　在　酪農学園大学名誉教授／同大・非常勤講師（元酪農学園大学獣医学群／元野生動物医学センター）、獣医師、博士（獣医学）、日本野生動物医学会認定専門医。

専　門　獣医寄生虫病学・野生動物学・医動物学。

主　著　『いま、野生動物たちは』（分担執筆、1995年、丸善）、『外来種ハンドブック』（分担執筆、2002年、地人書館）、『森の野鳥に学ぶ101のヒント』（分担執筆、2024年、日本林業技術協会）、『動物地理の自然史』（分担執筆、2005年、北海道大学図書刊行会）、『新獣医学辞典』（分担執筆、2008年、緑書房）、『獣医学・応用動物科学系学生のための野生動物学』（分担執筆、2013年、文永堂出版）、『動物園学入門』（分担執筆、2014年、朝倉書店）、『野生動物の餌付け問題』（分担執筆、2016年、地人書館）、『感染症の生態学』（分担執筆、2016年、共立出版）、『最新寄生虫学・寄生虫病学』（分担執筆、2019年、講談社）、『書き込んで理解する動物の寄生虫病学実習ノート』（編、2020年、文永堂出版）、『野生動物医学への挑戦』（2021年、東京大学出版会）、『野生動物の法獣医学』（2021年、地人書館）、『図説　世界の吸血動物』（監修、2022年、グラフィック社）、『野生動物のロードキル』（分担執筆、2023年、東京大学出版会）、『獣医公衆衛生学』（分担執筆、2024年、文永堂出版）ほか多数。

獣医さんがゆく――15歳からの獣医学

2025年1月15日　初　版
2025年6月5日　第3刷

［検印廃止］

著　者　浅川満彦

発行所　一般財団法人 東京大学出版会

代表者　中島隆博

153-0041　東京都目黒区駒場4-5-29
電話 03-6407-1069　FAX 03-6407-1991
振替 00160-6-59964

印刷所　株式会社精興社

製本所　誠製本株式会社

ISBN978-4-13-063963-7 Printed in Japan